環境再生医

第3版

―環境の世紀の新しい人材育成を目ざして―

認定NPO法人 自然環境復元協会 編著

環境新聞社

環境再生医
第3版
―環境の世紀の新しい人材育成を目ざして―

まえがきに代えて（環境再生医制度の趣旨と概要） ………………………… *6*

第I編　自然環境に関わる思想と法的枠組み

第1章　自然環境に関わる思想の変遷
1. 人の自然観の変遷 ……………………………………………… *12*

2. 自然と人間との関わり ………………………………………… *14*

3. 「内なる自然」の考え方 ……………………………………… *15*

第2章　地球環境問題との関わり
1. 地球環境問題とは ……………………………………………… *18*

2. 地球温暖化 ……………………………………………………… *19*

3. 森林破壊・砂漠化 ……………………………………………… *20*

4. 野生生物種の減少 ……………………………………………… *21*

第3章　自然環境に関する国際的枠組み
1. 生物多様性条約 ………………………………………………… *23*

2. 生物多様性関連の条約 ………………………………………… *24*

3. 種の保存に関する取り決め等 ………………………………… *25*

第4章　環境再生医としての活動に関連する国内の法的枠組み
1. 環境基本法 ……………………………………………………… *27*

2. 自然環境とその保全・再生に関する法的枠組み …………… *30*

第II編　自然環境再生の考え方と技術論

第1章　自然環境とその再生に関わる基礎的知識
1. 生態系の成り立ち ……………………………………………… *40*

2. 自然環境再生の視点 …………………………………………… *46*

3. 我が国における自然環境に関わる事項の経緯 ……………… *48*

4. ビオトープ概論 ………………………………………………… *54*

第2章 農山村における自然環境再生

1. 山村（中山間地）の自然環境再生 ································ *56*

2. 農村の自然環境再生 ································ *62*

3. 農山村におけるバイオマスの利活用 ································ *69*

第3章 陸水域・海域沿岸における自然環境再生

1. 陸水域における自然環境再生 ································ *76*

2. 海域沿岸における自然環境再生 ································ *83*

第4章 都市における自然環境再生

1. 都市の自然環境の特性と再生の考え方 ································ *88*

2. 都市域の自然環境再生取り組みの方向性と実際 ································ *91*

第Ⅲ編 自然環境の保全や再生に関わる地域的取り組みのあり方

第1章 地域コミュニティの醸成方法

1. まちづくり・地域づくりへの積極的な関与 ································ *96*

2. 環境再生医としての関わり方 ································ *98*

第2章 自然環境に関わる環境学習のあり方

1. 環境教育・環境学習とESD ································ *99*

2. 環境学習の方法 ································ *103*

第3章 活動主体とそのリーダーのあり方

1. 活動主体としての専門的知識・経験の蓄積 ································ *105*

2. コミュニケーション能力の蓄積 ································ *107*

第4章 地域的取り組み活動の実際

1. 学校ビオトープ ································ *113*

2. グラウンドワーク ································ *114*

3. 里地里山保全 ································ *116*

4. グリーン・ツーリズム ································ *117*

5. 都市緑地再生 ································ *120*

あとがきに代えて ································ *123*

編集委員・執筆者 ································ *126*

まえがきに代えて（環境再生医制度の趣旨と概要）

　認定 NPO 法人自然環境復元協会（NAREC）は、前身の団体の時期を含めると、1990 年から自然環境復元に関する学術・技術的知見を社会へ広く普及啓発してきた。環境再生医制度はこのような背景から、学術的・技術的知見を有した環境再生の実践者を育成・認定することを目的に 2003 年に立ち上げられた。

　制度立ち上げ当初から、日本全国で環境再生に携わる主体者にライセンスを付与しつつ全国的なネットワークづくりを行うことに主眼があった。また、これまでにも、自然環境の再生に関する技術論のみならず、自然環境の再生活動を通して、地域コミュニティの再生から人と自然に関わる内面的なアプローチに至るまで、より広範な活動の試みを続けてきた。このような特徴が、多くの環境再生医を輩出してきた所以であると考えている。

　今回のテキスト改訂の趣旨は、テキストは環境再生を行うにあたって必要最小限の内容に絞り、理解を深めるために必要な事例は別途の副読本によって充実させることにある。

　読者諸氏には、本テキストを常に携えることによって、環境再生の理念やビジョンを持ちつつ、具体的に地域で活動を行い、多くの事例を学び、仲間同士で共有することによって自然環境や地域コミュニティの再生等に貢献されることを願ってやまない。

1. 環境再生医制度の趣旨と概要

　2003 年に制定された自然再生推進法では、自然再生事業のあり方について、専門化・市民・NPO などと関係行政が連携して協議会を結成し、事業を進めていくことが謳われている。

　自然環境の再生には、地域特有の歴史・文化・生活を充分に汲みとった上で、地域住民の合意を得ながら進めていく必要がある。そして、自然環境そのものを再生するのみならず、その地域における自然環境と人との関わりを回復させることによって、はじめて「自然環境の再生」が達せられる。認定 NPO 法人自然環境復元協会（以下、NAREC）では、そのような人材を「環境再生医」として認定し、資格を付与している。

　「環境再生医」の名称は、2002 年 6 月、東京大学弥生講堂で NAREC が行ったシンポジウムにおいて、千葉県中央博物館の中村俊彦博士（NAREC 顧問）が、「環境の修復には、環境の現状を診察し、処方を立て、治療を行い、さらにケアーを行う環境の専門医、つまり、環境医が必要である」と述べられたことに由来する。これに、当時制定前の議論がなされつつあった「自然再生推進法」の「再生」を加え、この法律の実践機能を担うことを目指し、「環境再生医」の名称が誕生したのである。

　環境再生医は、特定の業務に縛られることなく、幅広いフィールドで活躍できる資格であり、自然環境再生に関わる技術的な知識や経験のみならず、環境再生活動を進める際に広範な知識・経験を持つことで、活動団体内での個としての貢献や団体活動の運営に貢献するものである。

　2015 年現在、環境再生医有資格者は 4,700 余人であり、全国各地で活躍している。また、地

域ごとに環境再生医の会を結成し、地域の環境再生医の学習の場を提供したり、環境再生医同士が協働で活動を推進することも数多くみられるようになった。

(1) 求められる基本的資質

環境再生医は自然環境とこれを構成する物質循環の再生、および自然環境を核とした共生型社会の創出をリードしていく立場にあり、そこには、科学に裏付けられた専門的知識・経験はもとより、活動者・リーダーとしての理念と幅広い知識や情報、感性や応用性、指導性等の資質などが求められる。

「自然環境」に関わる諸事象については、自然科学的にも人文科学的にも未知・未解明な部分がほとんどである。環境再生医は、求めて学習・研究し、自らの知識や経験を拡充していく姿勢と意識が必要である。また、環境再生の事業にあっては、プロジェクトの組織運営、関係団体や地域住民との調整、啓発やプレゼンテーション能力など、指導者・管理者としての経験や資質が求められる。

(2) 環境再生医の級種別とその役割

環境再生医には、技量や実務における立場・経験によって以下の種別がある。

級　種	役　割
初　級	自然環境の再生に関し、自己の研さんに努め、その理念と一定の知識をもって活動や実務を推進し、または指導者を補佐する。
中　級	自然環境再生の実務にあって、一定の範囲を担当しつつ、主体的にプロジェクトや啓発等の推進に当たる。
上　級	自然環境再生に関わる実務を直接担当し、プロジェクトの総合的な推進および啓発・教育等に関して指導的・中心的役割を担う。

(3) 受験資格と実務経験期間

① 受験資格について

級　種	受験資格／実務経験
初　級	自然環境の保全・再生に関わる実習を含む専門的学習、フィールド実習、市民学習、啓発活動等のいずれかに2年以上の経験を有すること。
中　級	自然環境の保全・再生に関わる、①調査・企画・設計・施工・管理等の専門的実務、②フィールドワークを有する実践的市民活動、③学校等教育機関・研究機関および地域活動等における教育・研究、④農林漁業等の実務の上で携わった環境保全・再生の実践等のいずれかの実務・活動に、合算して5年以上の実務経験を有すること。もしくは環境再生医（初級）資格取得後、上記①～④に示す実務に3年以上の経験を蓄積すること。
上　級	「環境再生医（中級）」と同等の実務経験を合算して10年以上有し、そのうちプロジェクト推進・指導、後継者育成、社会啓発等に2年以上の指導経験を有し、環境再生医（中級）の資格を取得していること。

② 実務経験について

　　実務経験期間とは、自然環境の分野に関わる企業や行政機関、研究・教育機関での実務従事期間、自然環境に関わる NPO 等の活動に実務的に従事した期間をいう。

　　農林漁業等の実務に従事した期間についても認められ、上記同様とする。

　　初級を受験する場合、大学・専門学校で、環境関連学科・コース（農学・土木・造園・林学・環境学・理学のほか、都市計画・環境デザイン・環境社会学・環境経済学・資源循環・環境教育 等）を履修したものは、その卒業をもって最大２年間を実務経験に算入することができる。

　　大学院において上記同様環境関連学科・研究コースを履修したものは、その期間を算入することができる。

（4）認定講習について

① 書類審査

　　必要な実務経験を満たしていることを書類によって審査する。

② 試験

　　書類審査の適格者は試験を受ける。試験の主教材としてテキスト「環境再生医」を使用する。

（5）有効期間と更新

① 環境再生医（中級・上級）の有効期間は認定日より５年とし、更新することができる。上位の級を取得した場合は、新たな認定日から５年間とする。

② 更新申請には所定の手続きを行う。

（6）受験料

級　　　種	受　験　料
環境再生医（初級）	15,000 円
環境再生医（中級）	25,000 円
環境再生医（上級）	35,000 円

① 受験料には書類審査や受講料、認定料など一式が含まれる。ただし、テキスト「環境再生医」は受験者が準備する。

② 受験料は申請時に納入する。

(7) 実施の時期と場所

　8月頃、NAREC のホームページに開催日程と会場を掲載する。

2. 認定校制度の概要

　「認定校制度」の正式名称は「環境再生医初級資格認定委嘱制度」である。NAREC が 2003 年に創設したもので、環境再生医制度の初級認定を大学・専門学校側に委嘱をするものである。

　環境再生医をめざすには、社会人として実績を含む多くの経験を積む必要があるが、大学、専門学校の在校時に専門学科のほかに環境再生医に関連する事項を学び、広く関心を持ち続けることが、環境再生医になる近道である。認定校制度ではそうした意欲と才能ある学生や生徒に対し、環境再生医初級の資格を卒業前に付与する制度である。

　認定校制度に基づいて認定された学校数は、2015 年現在、国立大学等の大学や専門学校など、全国で 41 校である。なお、認定校制度の詳細については、NAREC のホームページに掲載されている。

認定 NPO 法人自然環境復元協会理事長　　加　藤　正　之

「環境再生医」編集委員長　　小　口　深　志

認定 NPO 法人自然環境復元協会事務局長　　河　口　秀　樹

第Ⅰ編

自然環境に関わる思想と法的枠組み

第1章 自然環境に関わる思想の変遷

1. 人の自然観の変遷

自然環境を保全・再生しようとする場合、保全や再生を目指す立場や考え方があるはずで、その目的を抜きにして考えることはできない。そこで、「その土地の自然環境とは何か」という議論を始めると、「人がどこまで自然に手を加えるのか」の議論を経て、「人の持つ自然観はどのように変わってきたのか」について理解を深める必要性が生じる。ここでは、人類が地上に現れた太古から現在に至るまでの、人の自然観に関する変遷について図1-1に示し、本節においては、産業革命後の近代までについて以下に概要をまとめた。

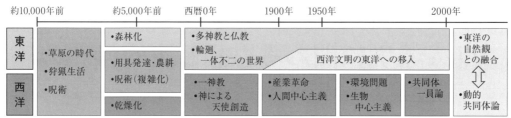

図1-1　人の自然観に関する変遷

(1) 太古の自然観

氷河期には人類は草原に出て大型動物を槍で追うような狩猟生活をしており、草原という一つの環境のもとで、人の世界観に東洋も西洋もなかった。

後氷期に入ると、砂漠の拡大と同時に森林も拡大し、一方で草原は減少し、それとともに草原性の大型動物を減少させた。そのため、生活の拠点を森に移した人類は森林の小型動物に依存し、狩猟道具も大型の槍から弓矢などに高度化した。それとともに人の行為に基づく因果関係はより複雑となり、呪術においても人間を超える力の存在を感じざるをえなくなった。

(2) 宗教と自然

今から8,000～5,000年前には高温・多湿となり、人類は砂漠であったところで農耕生活を始めるようになる。気候や自然環境の影響を大きく受ける農耕により人間を超える力の存在はさらに大きく感じられるようになり、雨や太陽の神をはじめ、山河草木などすべてのものに神が存在すると考える多神教の時代が続くこととなる。

5,000年ぐらい前からは、中東地域における急速な乾燥化や富の集積などを契機に、作物をめぐる略奪や社会的地位をめぐる闘争などが起こるようになり、人間社会に変化が生じるよう

になった。そして、中東地域においては多神教から一神教への変化が起こり、ユダヤ教、さらにはキリスト教・イスラム教の発祥の源となった。

こうした一神教では、天地や人を含む自然は神が創造し、あらゆる自然現象は神の意志によって起こるものとされた。すなわち、自然や人の上位に神が存在し、神がすべてを支配しているという宗教観であった。したがって、神による創造があれば終末もあり、「自然も制御される側にある」という自然観が持たれるようになった。

一方、東洋では、自然を利用した生活が継続され、複雑な環境変化に応じて、神の存在も変化していった。その中には、たとえば仏教に示されるように、「全てのものは天地万物と相まって存在する」という世界観があり、人と自然を一体のものとして捉える自然観があった。

(3) 産業革命がもたらしたもの

18世紀に西洋で起こった産業革命が人と自然の関わりにもたらした最大の問題は、「自然は人の利益のために利用できる単なる資源である」と考えたことであった。人が自然の恵みを糧に生活をしていた当時の感覚からすると、自然を物品生産の材料と見ることは考え方の大変化といっても過言ではない。しかし、西洋に普及したユダヤ・キリスト教では、「人は神に委託されて自然を支配するもの」（これをスチュワート・シップという）と考えていたので、上記のような自然観は抵抗なく受け入れられていくようになった。一方で、人々の心の中には牧歌的ナチュラリストとしての思いもあり、産業革命当時は、両者が混在していたとみるべきであろう。

(4) 環境危機への遭遇

産業革命以降、近代化によって、スチュワート・シップの考え方は拡大的に解釈され、自然は人の意のもとにそのすべてを際限なく利用できると考えるようになった。やがて高度に近代化された1960～1970年代になると、人が自然を利用する量が自然の持つ全容量を脅かすほどになり、環境の危機の時代になった。そして、自然は有限であり、人の生存のために無秩序な自然の利用はできない、という新しい価値観が生まれるようになった。

第Ⅰ編　自然環境に関わる思想と法的枠組み

2. 自然と人間との関わり

　本節では、前節における太古から近代までの人の自然観の変遷を受けて、近代以降における自然と人間との関わりの考え方について概要を述べる。基本的な考え方としては、①人間中心主義、②生物中心主義、③共同体の一員であるとする立場、の3つが挙げられる。以下にそれぞれの内容を示す。

(1) 人間中心主義の立場

　西洋における産業革命以降、文明の発展とともに世界的に広まった基本的な考え方が人間中心主義である。これは自然を人間のための資源として利用しようとする立場である。考え方の模式図を図1-2に示す。

　たとえば、熱帯林を遺伝子資源として考えるなど、いわゆる「生態系サービス」の考え方は、サービスを受ける対象が人類と解釈す

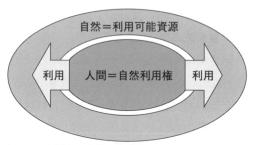

図1-2　人間中心主義の立場

れば、人間中心主義の立場となる。コンサベーション（賢明な自然の利用）の考え方も、基本的には人間中心主義に含まれる。また、生物多様性の保全・回復の目的を、人にとって有用な資源の保全とすれば、これも人間中心主義の考え方に基づいたものと理解される。

　人間中心主義は、人間の利益のために自然を利用することを容認するので、どこまで利用するかは、利用する人間個人の尺度によってさまざまになるが、この立場で自然環境の再生を行う場合は、「ワイズユース」の視点に立って考える必要がある。

(2) 生物中心主義の立場

　人間中心主義の立場は、20世紀後半における加速的な工業化等による自然環境の破壊が契機となり、その反動で生物中心主義の考え方が生まれた。これは「自然には人間に拘わらない固有の権利がある」とし、「自然が保有する生存権を人間が侵すことは許されない」とする立場である。考え方の模式図を図1-3に示す。

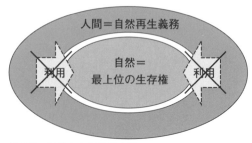

図1-3　生物中心主義の立場

　たとえば、「動物解放論」（シンガー）、「動物の権利」（レーガン：菜食主義、畜産反対など）、「自然の権利」（ハエを殺すな、蚊には血を、アリは踏むな、など）などの主張がなされ、さらに、ディープエコロジー、生命平等主義などの思想に発展していった。これらの考え方に基づ

けば、牛を殺し、食べることもできなくなり、生物中心主義の考え方は行き詰っていった。

(3) 共同体の一員であるとの立場

生物中心主義が行き詰まるなかで、欧米で第三の道として模索された、「人間は生物や地域の共同体の一員」として捉える考え方が有力になってきた。これは「ランドエシックス」（レオポルド）の考え方や生態系保全の考え方に近いものである。考え方の模式図を図 1-4 に示す。

この立場によると、共同体の一員である他の生物に影響を及ぼさないように細心の配慮が必要となり、行き着くところは、「人による自然への干渉が許されない」という考え方に及んだ。

図 1-4　共同体の一員の立場

図 1-5　動的共同体論への東洋の自然観の融合

一方で、自然界は構成する生物が食べたり食べられたりするダイナミックな活動の中で、動的な平衡を保って安定しているものである、という考えをもとに、いわゆる「動的共同体論」が現れた。この「動的な共同体」の考え方に立つと、人間が他の生物を食べたり、干渉することは、基本的に許される。しかし、人間が突出した外力を使うと、共同体の安定を根本から崩してしまう事態を招き、安定を維持するための自己規制が必要となる。

ここで、古くて新しい自然観として注目されているのが我が国をはじめとした東洋の思想である。前節で述べたとおり、人間と自然の関係は一体であり、人間と自然の境界はない、と考えるものである。欧米発祥の共同体論の考え方に、このような東洋の自然観の考え方を融合すること（図 1-5）が、自然環境の保全や再生などにおける人と自然との関係の問題を解決する糸口となっていくであろう。

3. 「内なる自然」の考え方

われわれが他の生物を殺すとき、「かわいそう」と感じたり、食べきれずに余った食べ物を捨てるときに「もったいない」と感じるのは、いずれも考えた末に出てきたものではなく、どちらかというと本能的な感性である。このような感性は、人の中にある「内なる自然」によって、自己規制として働いているとみることができる。この「内なる自然」が、自然と一体化された生身の「ヒト」の遺伝子に引き継がれてきたものとすると、いま、人が「自然環境の再生」や「自然と一体化した人間らしい暮らし」を求めているのは、「内なる自然」が要求していると考

えることができる。

ここでは、自然環境の保全や再生において、その目的・目標を議論する上で重要な要素となりうる「内なる自然」という考え方について述べる。

(1) 「内なる自然」とは

霊長類学者の河合雅雄は「子供と自然」(1990 岩波新書)[1]の中で、「進化史を通じて人類の存在の根本を形成している諸性質を"内なる自然"と名付けよう。」とし、「系統発生的適応を通じて、われわれの心性の奥深く形成されたもの」を"内なる自然"と呼んでいる。そして、「"内なる自然"が現在の人間の行動や態度に反映ないし影響されている」としている。個体群としてのヒトの遺伝子に引き継がれてきた生得的なものだけでなく、各人（個体として）の経験までをも「内なる自然」に含めるかについては議論が分かれるところである。

しかし、自然環境の保全・再生に関わる活動に対しては、各人それぞれの「内なる自然」があってよく、その活動は、各人が持つ生得的な感覚と経験に基づいた共通的な（共感が得られる）原風景を求め、原体験を促すことであると考えられる。

(2) 自然環境保全・再生の目指す具体像-「原風景」

人の心の奥にある原初の風景とされる「原風景」は人によってさまざまで、共通したものがないと考えられている。一方で、自然的な風景に関しては、図 1-6 に示すように、「人口密度で約 2,200 人 /km²（緑地率で約 60％に相当）までは安定した緑の存在が意識されているが、それ以上の人口密度（緑地率で 60％以下）になると緑としての評価が下がっていく」ことが認められた[2]。これは、図中の変曲点に至るまでは、緑に対して人々が抱く感覚に共通したものがあり、「基準になる緑の空間像」が存在することになる。そして、我が国

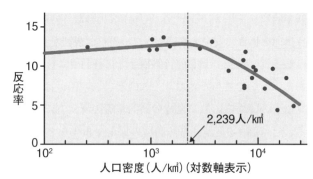

図 1-6　緑や自然環境に対する肯定的反応率の変化[2]

ののどかな田園風景が「人口密度が 2,000 ～ 3,000 人 /km²で半分以上緑のある、見通しのよい自然の風景」に該当する。これは、自然環境の保全・再生で目指す具体像は「内なる自然」が求める「人間らしい人と人とのふれあい」のある「日本の原風景」であることを裏付けている。

(3) 「内なる自然」の解発-「原体験」

人々に「内なる自然」として、「原風景」が存在しているとしても、生まれて以来「原風景」に接していなければ、その「原風景」を自然環境の再生の目標として共有することも難しい。そこで不可欠なのが、「内なる自然」を解発（動物の特定の行動が、一定の要因によって誘発

されること）するための「原体験」である。したがって、原体験は「内なる自然」を解発しやすいような原風景に接することが重要で、たとえば唱歌や童謡として歌われてきた「春の小川」や「故郷」にみられる自然を再生する必要がある。

（引用・参考文献）
1）河合雅雄（1990）：『子供と自然』、岩波新書
2）品田穣（2004）：『ヒトと緑の空間−かかわりの原構造−』、東海大学出版会

第Ⅰ編　自然環境に関わる思想と法的枠組み

第2章
地球環境問題との関わり

1. 地球環境問題とは

自然資源の搾取と消費によって環境へのひずみが生じ始めたのは、産業革命後さほどの時間を待たなかった。当初は鉱山の開発に伴う鉱毒による人の健康への影響など、地域性の高いいわゆる「公害問題」が発端となったが、20世紀の中ごろから世界に共通的な環境問題として「地球環境問題」が認識され始めた。公害問題と地球環境問題の特徴を図

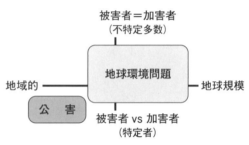

図1-7　公害問題と地球環境問題の特徴

1-7 に示す。公害問題はその影響が比較的狭い地域に限定され、加害者と被害者が特定されるような問題であるが、地球環境問題は加害者と被害者が特定されることなく、全地球的に影響を及ぼすような問題である。

世界的に共通の環境問題として認識されるきっかけとなったのは、1962年に出版されたレイチェル・カーソンの名著「沈黙の春」であろう。当時、濫用された農薬による生態系への影響に対して警鐘を鳴らしたものである。その後1970年代からは国連を中心とする環境汚染防止や地球環境に関する協議、宣言がなされてきた。「地球環境問題」として本格的に国際的な対応が行われるようになったのは、1992年にブラジルで開催された「環境と開発に関する国

表1-1　自然環境に関わる地球環境問題の変遷

1962年	：	レイチャルカーソン「沈黙の春」（農薬による生態系破壊）
1971年	：	ラムサール条約（湿地保全）
1972年	：	ローマクラブ「成長の限界」（100年以内に成長の限界へ）、
1972年	：	国際人間環境会議（ストックホルム会議）（「地球環境問題」への取組）
1973年	：	ワシントン条約（野生動植物取引）
1992年	：	環境と開発に関する国連会議（リオデジャネイロ地球サミット）
1992年	：	生物多様性条約
1992年	：	メドゥース「限界を超えて」（種の絶滅スピード 10-100種／日）
1992年	：	国連気候変動枠組条約
1997年	：	京都議定書（気候変動枠組条約 COP3*）
2007年	：	アル・ゴア「不都合な真実」（データ・画像に基づく地球温暖化）
2008年	：	洞爺湖サミット（2050年までに温室効果ガスを半減（G8同意））
2010年	：	愛知生物多様性条約 COP10*（愛知ターゲット、SATOYAMA イニシアティブ）
2012年	：	リオデジャネイロ地球サミット（リオ+20）

*COP：締約国会議（Conference of the Parties）

際連合会議（地球サミット）」以降である。

　地球環境問題を整理すると、地球規模の大気系の循環に関わる問題である①地球温暖化、②オゾン層破壊、③酸性雨など、人の消費や廃棄による影響が地球的に広がる④海洋汚染、⑤有害廃棄物の越境、⑥途上国の公害問題、および自然環境そのものを対象とした⑦野生生物種の減少、⑧森林破壊、⑨砂漠化、に分類される。ここでは、自然環境に対して特に影響が大きいと考えられる地球環境問題に関わるイベントについて、その変遷を表1-1にまとめる。なお、本表における近年のイベントについては我が国主催のものを中心に掲載している。

2. 地球温暖化

　CO_2、メタンなどの温室効果ガスは、地表の温度を保つ有効な働きもあるが、その濃度が増加すると地表面付近の温度が上昇する。この事象が地球温暖化である。地球科学の知見では、地球誕生時代には大気の91％がCO_2であったが、植物の光合成活動の結果、CO_2は次第に植物等に固定化され、約6億年前に現在のレベルまで減少したとされている。しかしながら、産業革命以前は270ppm程度だったCO_2濃度が2013年時点で396ppmにまで上昇している。2013年に行われた気候変動に関する政府間パネル（IPCC）の第1作業部会報告書によれば、図1-8に示すように、「最近30年の各10年間の世界平均地上気温は、1850年以降のどの10年間より高温であり、気候システムの温暖化については疑う余地がなく、このような気候変動をもたらす要因のうち、最大の寄与をしているのは、1750年以降の大気中のCO_2濃度の増加である」としている。また、2081年～2100年における世界平均地上気温の変化は、何も対策を行わない場合、2.6～4.8℃の範囲に入る可能性が高いことが明記された。さらに、IPCC報告では、「温暖化の結果として、21世紀にわたり、湿潤地域と乾燥地域、湿潤な季節と乾燥した季節の間での降水量の差が増加し、北極域の海氷面積が縮小し、北半球の春季の積雪面積が減少し、世界規模で氷河の体積は更に減少し、世界平均海面水位は上昇を続け、海洋の更なる炭素吸収により海洋酸性化が進行するであろう」ことを予測している。地球温暖化が自然生態系に及ぼす影響も懸念されており、環境省によれば、我が国では高山植物の減少、動物の生息

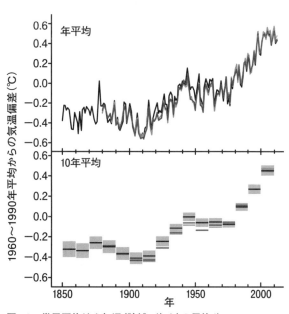

図1-8　世界平均地上気温（陸域＋海上）の偏差[1)]

域の北上化と高標高化が地球温暖化によるものであり、その傾向は今後も進行するであろうとされている。

地球温暖化への国際的取り組みについては、地球サミットや国連気候変動枠組条約の締約国会議（COP）などで会を重ねて調整が図られているが、先進国・途上国間の利害関係や各国の取り組み意識の違いが温暖化抑止策の具体化を阻んでいる。

(引用・参考文献)
1) 気象庁訳:「IPCC 第5次評価報告書第1作業部会報告書」、2014.12.3 参照、
URL< http://www.data.jma.go.jp/cpdinfo/ipcc/ar5/ipcc_ar5_wg1_spm_jpn.pdf>

3. 森林破壊・砂漠化

現在、地球上の陸地の約30%に相当する38億haあまりの森林が存在している。一方で、毎年1,500万haの熱帯林が失われており、世界の森林の面積は、1990年から2000年までの10年間に、およそ9,400万haも減少している。特に、西アフリカ、熱帯の中央アメリカ、南アメリカ、東南アジアなどの熱帯林の減少が激しいとされている[1]。熱帯林減少の原因は、農地や牧場のための開墾や、紙パルプや建築材等の用途で伐採が行われたためである。熱帯地方で、熱帯林の周辺が乾燥している地域では、伐採に伴い砂漠化が加速し、異常気象の原因となることが考えられる。途上国の森林減少に由来するCO_2排出量は世界の温室効果ガス排出量の約2割（IPCC）といわれている。また、地球上の生物種の50〜80%が生息し、さらに全植物量の半分相当が存在するといわれる熱帯林は、生物多様性の減少や地球温暖化といった地球環境問題と密接にかかわっており、最優先で保全すべき対象であるといえる。

砂漠化とは、国連の砂漠化対処条約（UNCCD）において、「乾燥地域における土地の劣化」と定義されている。平成26年度版環境白書によると、乾燥地域は地表面積の約41%を占めており、その10〜20%はすでに劣化（砂漠化）しており、世界の3分の1以上の人々がそこに居住し、15億人が砂漠化の影響を受けていると推定されている[2]。砂漠化の原因として、干ばつ・乾燥化等の気候的要因のほか、過放牧、過度の耕作、過度の薪炭材採取による森林減少、不適切な灌漑による農地への塩分集積等が挙げられている[2]。その背景には、開発途上国における人口増加、貧困、市場経済の進展等の社会的・経済的要因が関係している[2]。

これらの背景に基づき、国連が中心となって、表1-2に示すような国際的な森林問題への取り組みがなされている。スタートの年とな

表1-2 国連における森林問題への取り組み[3]

1992年	UNCED（国連環境開発会議:地球サミット）
1995〜1999年	IPF（森林に関する政府間パネル）
1997年	UNGASS（国連環境開発特別総会）
1997〜2000年	IFF（森林に関する政府間フォーラム）
2001年〜	UNFF（国際森林フォーラム）

る1992年にUNCEDで採択された「アジェンダ21」の「森林減少対策」には、熱帯林、温帯林、北方林を含むすべての種類の森林の多様な役割・機能の維持や、森林の持続可能な経営および保全の強化等が挙げられた。2013年のUNFF10では、「森林と経済開発」のテーマのもと、持続可能な森林経営の国家開発戦略への統合を図り、森林からの便益の最大化と森林への負の影響を最小化する土地利用のあり方などのほか、持続可能な森林経営の実施手段（資金・技術協力等）に関する決議等を採択し、現在の枠組みの最終年となる2015年に、これまでの成果を評価し、任意の世界森林基金の必要性を含む、森林に関する国際的な枠組みのあり方について協議することとなった[3]。

(引用・参考文献)
1）国立環境研究所：「いま、地球がたいへん、森林の検証」、2014.12.5 参照、
　URL<http://www.nies.go.jp/nieskids/main2/nettai.html>
2）環境省：「環境白書、7 砂漠化への対処」、2014.12.5 参照、
　URL<http://www.env.go.jp/policy/hakusyo/h26/html/hj14020205.html#n2_2_5_7>
3）外務省：「国連における森林問題の取り組み」、2014.12.5 参照、
　URL<http://www.mofa.go.jp/mofaj/gaiko/kankyo/bunya/shinrin_un.html>

4. 野生生物種の減少

地質時代には多細胞生物が誕生して以来、5回の大きな生物の大量絶滅があったとされる。そのうち最も新しいものが、約6,550万年前の白亜紀末における恐竜等の絶滅を引き起こしたものであり、すべての生物種の約70％が絶滅し、その原因は小惑星の落下による火災と粉じんの発生、およびその後の低温化による説が最も有力視されている。その後は種の分化が進み、生物多様性は増加する傾向にあり、現在の世界での既知総種数は約175万種、推定では1,000万種とも1億種ともいわれている。

一方で、図1-9に示すように野生生物種の絶滅速度は20世紀後半から加速的に増加している。また、同図に示すように、その傾向は人口増加と相応しており、人による活動が生態系の劣化に影響を及ぼしていることは明らかである。産業革命以降に失われた生物種はすでに5万種に上っており、生態系の劣化は人類が生物圏から受けている恩恵（生態系サービス）に深刻な影響を与えつつある。このような著しい種の絶滅、あるいは生物多様性の急速な減少の直接的な原因としては、熱帯雨林をはじめとした生物生息地の消失、都市開発などによる生息地の独

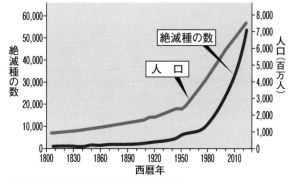

図1-9　生物種の絶滅数と人口の変化[1]

立化や分断化、過度の捕獲や採取による食物連鎖の乱れ、農薬等の化学物質による環境汚染、外来生物種の侵入による捕食や遺伝子汚染のほか、地球温暖化に伴う気候変動やその他さまざまな地球環境問題が生物多様性に影響を与えていると考えられる。

このように、地球環境問題の一つとして掲げられている野生生物種の減少の問題は、熱帯雨林等の森林破壊や砂漠化、および地球温暖化など、あらゆる地球環境問題の結果としての現象であるともいえる。このため、生物多様性に関しては、1972年ストックホルムでの「国連人間環境会議」の人間環境宣言で野生生物とその生息地の保護が謳われて以来、1992年リオデジャネイロでの「環境と開発に関する国連会議（地球サミット）」において、気候変動枠組条約（地球温暖化防止条約）と併せて生物多様性条約が締結されるなど、主要な地球環境問題と歩調を合わせるように国際的取り組みが進められている。生物多様性条約とその取り組みに関しては次章にて詳細に述べる。

（引用・参考文献）
1）日本学術会議フーチャー・アースの推進に関する委員会：「Future Earth 持続可能な地球社会をめざして」、2014.12.15 参照、URL<http://www.scj.go.jp/ja/member/iinkai/kiroku/k-140725.pdf>

第3章
自然環境に関する国際的枠組み

1. 生物多様性条約

　1970年代になると、酸性雨や温暖化などの地球規模の環境問題が起こり、対応策に世界的な意識が高まった。1980年代には、増え続ける生物種の絶滅と、地球生態系の崩壊に関係する不安から、この大絶滅を防ごうとする機運が起きた。このような経過から、1992年ブラジルのリオデジャネイロで開催された、国連環境開発会議（地球サミット）では、「気候変動枠組条約」とともに、「生物多様性条約」が成立した。この生物多様性条約の目的は以下の3つにまとめられる。

① 地球上の多様な生物をその生息環境とともに保全すること
② 生物資源を持続可能な方法で利用すること
③ 遺伝資源の利用から生じる利益を公正かつ衡平に配分すること

　この条約は世界各国において広く批准され、「生物多様性締約国会議」として、ほぼ2年ごとに締約国会議が開かれることになった。これまでに12回（2014年現在）開催されているが、第10回は日本の名古屋市で2010年10月にCOP10（図1-10）が開催されて、179の締約国から、関連行政機関、NPO団体など13,000人以上が参加した。なおCOPとは、Conference of the Partiesの略称で、条約における締約国会議に付して用いられるが、特定の条約を意味するものではない。これまで、生物多様性とその取り組みに関しては、各国とも理解が十分とは言えず、実行に至る計画に足並みが揃うことはなかった。COP10では多くの理解が得られるよう、「愛知ターゲット」として、できる限り単純化した20の目標が定められた。このなかでは地球、国家、地域の各レベルで、人々がそれぞれの立場から、生物多様性を守りながら賢明に利用し、公正に利益を分かちあう行動計画が明示された。これらの内容は、各国が検討し、「生物多様性国家戦略」の中に組み込むことが求められている。この戦略を実現する長期目標として、2050年を目途に「自然と共生する世界」を構築することにした。これまでは、生物多様性の損失を防ぐた

図1-10　生物多様性締約国会議（愛知COP10）のロゴ

めには、原生的自然の中に保護地域を設けることが必要であると考えられてきた。一方、日本においては里地里山と呼ばれる二次的自然環境が、農林水産業の営みのなかで、長い年月にわたり維持されている事実が知られている。この身近な自然には、人為が加わりながらも多くの生きものが保護されて、多様性が保たれてきた。これら日本の歴史のなかで確立された手法を、「SATOYAMAイニシアチブ」として、世界の二次的自然の持続的な利用のために、共通理念とすることを呼びかけた。会議の終盤を迎え、各国間の意見の隔たりなど厳しい状況下で、日本の提案は無理かと思われたが、議長国としての日本の粘り強いリードで、最後には重要課題のすべてにおいて合意に達することができた。COP10では、日本の公共団体、NGO、民間企業などによる過去最大の約350のサイドイベントが同時開催され、また一般の人々が生物多様性に関する知識を得ることのできる「生物多様性交流フェア」も開催され、約118,000人の来場者があった。COP10における世界的約束と成果をふまえて、我が国では2012年9月に「生物多様性国家戦略2012-2020」が閣議決定され、また地方公共団体では生物多様性基本法にもとづき、「生物多様性地域戦略」の策定が進んでいる。

(引用・参考文献)
- 環境省編（2010）:「生物多様性国家戦略2010」、『ビオシティ』
- 国際自然保護連合日本委員会編（2013）:『愛知ターゲットガイド』
- 環境省自然環境局編（2013）:『COP10・11の成果と愛知目標』

2. 生物多様性関連の条約

(1) ラムサール条約

正式には、「特に水鳥の生息地として国際的に重要な湿地に関する条約」という。水鳥の生息地である湿地の生態系を守る目的の条約で締約国は160カ国、日本では1980年10月に条約が発効した。この条約における湿地の定義は、「天然のものであるか人工のものであるか、永続的なものであるか一時的なものであるかを問わず、さらには水が滞っているか流れているか、淡水であるか汽水であるかを問わず、沼沢地、湿地、泥炭地または水域をいい、低潮時における水深が6mを超えない海域を含む」とある。同じく条約における湿地は、海洋沿岸域湿地として12、内陸湿地として20、人工湿地として農業用ため池や水田を含む10に分類されている。世界の登録湿地数は1,997カ所(2012年現在)、日本における登録湿地は37カ所である(2014年現在)。環境省は2001年に、国内で保全を要する重要な湿地500カ所を選定している。

(2) 世界遺産条約

正式には、「世界の文化遺産及び自然遺産の保護に関する条約」といい、文化遺産や自然遺産を人類のための遺産として、損傷、破壊などの脅威から保護し、保存していくために、国際的な協力および援助の体制を確立することを目的としている。締約国は190カ国(2013年現在)

で、日本は1992年に締約している。条約に基づいて、「世界遺産一覧表」に記載された物件が「世界遺産」とよばれ、内容により構造物や遺跡などの「文化遺産」、自然地域などの「自然遺産」、文化と自然の両方を兼ね備えた「複合遺産」の3種類がある。そのうち自然遺産は世界で197件、日本では知床、白神山地、小笠原諸島、屋久島の4か所（2014年現在）である。日本の文化遺産は富士山を含む14カ所（2015年5月現在）が登録されている。

(3) ワシントン条約

正式には、「絶滅のおそれのある野生動植物の種の国際取引に関する条約」という。1973年アメリカのワシントンD.C.で採択されて、1975年に発効した。締約国は172カ国（2008年現在）で、日本は1980年11月に締約国になった。輸出国と輸入国が協力して、絶滅が危ぶまれている野生の動植物の国際的な取引を規制することにより、動植物の保護を図る。これらの動植物は、希少性に応じてⅠ、Ⅱ、Ⅲとランク付けがなされ、それらに含まれる種の目録が作成されている。目録の種とレッドリスト（後述）の種は、一致するものではない。その数は、約30,000種に及び、取引が制限されている。条約には罰則規定はないが、各加盟国が独自に法律を整備している。日本では、後述の「種の保存法」が適用される。

(4) 渡り鳥条約（二国間渡り鳥条約）

渡り鳥および絶滅のおそれのある鳥類とその生息環境を保護することを目的とする条約あるいは協定を言う。1972年以降、日本とアメリカ（条約）・ソ連（条約）・オーストラリア（協定）・中国（協定）との間で締約されている。韓国との間では、日韓環境保護協力協定の下に「日韓渡り鳥保護協力会合」が開催されている。

3. 種の保存に関する取り決め等

国際条約ではないが、国際的な影響を及ぼす可能性がある、という意味で、ここでは国内における生物多様性に関わる取決めとして、種の保存法とレッドデータブックについて紹介する。

(1) 種の保存法

正式には、「絶滅のおそれのある野生動植物の種の保存に関する」法律といい、国内外の絶滅のおそれのある生物を保護するために1993年に施行された。この法律の目的は、「野生動植物が、生態系の重要な構成要素であるだけでなく、自然環境の重要な一部として人類の豊かな生活に欠かすことのできないものであることを鑑み、絶滅のおそれのある野生動植物の種の保存を図ることにより、生物の多様性を確保するとともに、良好な自然環境を保全し、もって現在および将来の国民の健康で文化的な生活の確保に寄与する」ためとされている。2015年4月現在で、国内の稀少野生種として130種が挙げられている。稀少ゆえに違法な取引が後を絶

第Ⅰ編　自然環境に関わる思想と法的枠組み

たず、2014年には罰則が強化されて、個人の場合5年以下の懲役若しくは500万円以下の罰金、法人の場合は1億円以下の罰金が科される。

(2) レッドデータブック（RDB）

　野生生物の保全のためには、絶滅のおそれのある種を的確に把握し、一般への理解を広める必要があることから、環境省では、レッドリスト（絶滅のおそれのある種のリスト）（**表**1-3に示すカテゴリーを参照）を作成公表するとともに、レッドデータブック（それぞれの種の生息状況を取りまとめたもの：以下RDB）を刊行している。初版のRDBは1991年に作成され、その後おおむね10年ごとに刊行されているが、2014年に刊行されたRDBは第4次レッドリストとして2012年と2013年に公表されたものを取りまとめている。RDBは国として環境省が発表するもの以外に、都道府県、NGO、学会等の団体で作成されたものがある。よく誤解されるが、レッドリストは捕獲などを取り締まる法的規制を伴うものではない。

表 1-3　レッドリストにおけるカテゴリー（ランク）

絶滅（EX）	我が国ではすでに絶滅したと考えられる種
野生絶滅（EW）	飼育・栽培下、あるいは自然分布域の明らかに外側で野生化した状態でのみ存続している種
絶滅危惧Ⅰ類	絶滅の危機に瀕している種
絶滅危惧ⅠA類（CR）	ごく近い将来における野生での絶滅の危険性が極めて高いもの
絶滅危惧ⅠB類（EN）	ⅠA類ほどではないが、近い将来における野生での絶滅の危険性が高いもの
絶滅危惧Ⅱ類（VU）	絶滅の危険が増大している種
準絶滅危惧（NT）	存続基盤が脆弱な種（現時点での絶滅危険度は小さいが、生息条件の変化によっては「絶滅危惧」に移行する要素を有するもの）
情報不足（DD）	評価するだけの情報が不足している種
絶滅のおそれのある地域個体群（LP）	地域的に孤立している個体群で、絶滅のおそれが高いもの

※網掛け枠内が「絶滅のおそれのある種（絶滅危惧種）」

環境再生医

第4章 環境再生医としての活動に関連する国内の法的枠組み

1. 環境基本法

(1) 法制定の背景と概要

　1992年に各国首脳がブラジルのリオデジャネイロに集まり、地球環境問題に対処するための「環境と開発に関する国連会議（国連地球サミット）」が開催され、持続可能な開発に向けた地球規模での新たなパートナーシップの構築を目指した「環境と開発に関するリオデジャネイロ宣言（リオ宣言）」、これを具体的に実現するための行動計画（アジェンダ21）および「森林原則声明」が合意され、さらに「気候変動に関する国際連合枠組条約」と「生物の多様性に関する条約」等が採択された。こうした国際状況に呼応するかのごとく、我が国では1967年に制定された「公害対策基本法」を廃止して、1993年に「環境基本法」が制定・施行された。環境基本法の法体系を**表1-4**に示す。

表1-4　環境基本法の法体系[1]をもとに作成

環境基本法	総則	公害等の定義・環境の保全に関する理念		
		事業者等の責務	特定工場における公害防止組織の整備に関する法律	
	環境保全の基本的施策	環境基本計画・公害防止計画の策定等		
		環境基準の設定		
		環境影響評価の推進	環境影響評価法	
		環境保全上の支障を防止するための枠組み・規制	大気汚染	大気汚染防止法等
			水質汚濁	水質汚濁防止法等
			土壌汚染	土壌汚染対策法等
			騒音	騒音規制法等
			振動	振動規制法等
			地盤沈下	工業用水法等
			悪臭	悪臭防止法等
			化学物質	化学物質審査規制法等
			廃棄物・リサイクル	循環型社会形成推進基本法、廃棄物処理法等
			土地利用	国土利用計画法等
			自然環境	生物多様性基本法、自然環境保全法等
		環境保全上の支障を防止するための経済的措置		
		環境の保全に関する施設の整備等	下水道法等	
		環境負荷の低減に関する製品等の利用の促進	グリーン購入法等	
		環境教育・環境保全活動推進等	環境保全活動・環境教育推進法等	
		紛争処理・被害者救済	公害紛争処理法等	
		地球環境保全・国際協力等	地球温暖化対策推進法等	
	費用負担財政措置	公害防止事業費事業者負担法等		
	環境審議会等	中央環境審議会		
		都道府県・市町村環境審議会		
		公害対策会議		

なお、環境基本法では「環境」について定義をしていない。どこまでを環境とみなすかについては、環境施策に関する社会的ニーズや国民意識の変化に伴って変遷していくものであると理解されている。一方で、「公害」「環境への負荷」の定義をしている。ここでいう「環境への負荷」とは、人の活動により環境に加えられる影響であって、環境の保全上の支障の原因となるおそれのあるものとされている。

① 環境基本法の目的

環境基本法の目的は、「基本理念、各主体の責務、環境保全施策の基本事項を規定し、環境保全に関する施策を総合的・計画的に推進し、もって現在および将来の国民の健康で文化的な生活の確保に寄与するとともに、人類の福祉に貢献すること」である。法規範の効力が及ぶ範囲を将来世代および我が国民以外にまで広げている点に立法の特色がみられ、とりわけ将来世代に言及している点は、「持続可能な発展」という考え方を体現したものとして評価できよう。環境基本法第15条は、政府全体の環境の保全に関する施策の基本的な方向を示す「環境基本計画」を定めることを規定している。環境基本計画は、環境大臣が中央環境審議会の意見を聴いて閣議決定により6年ごとに定めることになっているが、環境基本法では国レベルの他の計画と環境基本計画との整合性について規定を設けておらず、閣議に調整が委ねられている点に問題がある。

② 基本理念

環境基本法では下記に示す3つの基本理念を掲げている。
1）環境の恵沢の享受と継承等
2）環境への負荷の少ない持続的発展が可能な社会の構築等
3）国際的協調による地球環境保全の積極的推進

(2) 環境基本法に基づいた各種法律の制定経緯と基本原則

環境基本法では対処すべき問題を典型7公害として列挙しているが、すでに個別法として制定されて機能していた「大気汚染防止法」や「水質汚濁防止法」などは、その後の新しい問題に対応すべく頻繁に改正が行われた。他方で、有害化学物質への関心の高まりとともに、単に排出を規制するだけでなく、物質の移動や保管あるいは汚染原因者に対する、汚染除去の責任を負わせる仕組みを盛り込んだ立法や法改正も行われた。たとえば、1999年には「特定化学物質の環境への排出量の把握等及び管理の改善の促進に関する法律（PRTR法）」が、2002年には「土壌汚染対策法」がそれぞれ制定された。また、廃棄物をめぐる問題も新しい環境問題として深刻化し、1991年に「再生資源の利用の促進に関する法律（2000年に資源の有効な利用の促進に関する法律に改称）」が制定され、既存の廃棄物処理法との両輪での運用となった。その後、各種リサイクル法が制定され、2000年に「循環型社会形成推進基本法」が制定されるに至った。同基本法は、リサイクル・リデュース・リユースの「3R」をかかげ、それがで

きないものは燃やして熱回収、最後は埋め立て、というように再生利用の幅を広げている。

さらに、地球温暖化問題に対しては、1998年に「地球温暖化対策の推進に関する法律」が制定され、地球温暖化防止に貢献するものとして、2009年には「バイオマス活用推進基本法」が、2011年には「電気事業者による再生可能エネルギー電気の調達に関する特別措置法（再生可能エネルギー特措法）」が制定されているが、東日本大震災以降は関連立法や施策にやや停滞感があることは否めない。

このような環境立法に際しては、法体系全体を貫く基本原則が存在する。

一般的には、以下のように「持続可能な発展」「汚染者負担の原則」「予防原則」が挙げられる。

① 持続可能な発展（Sustainable Development）

「宇宙船地球号」という言葉に象徴される地球環境資源の有限性の認識に基づいて、将来世代のニーズの充足を不可能とするような現代世代の開発や発展を禁止する原則である。加えて、持続可能な発展という原則は、南北問題の調整原理としても働いている。発展途上国は開発（発展）の権利を有するが、その開発（発展）は持続可能なものでなければならないとするものである。ここから「共通だが差異ある責任」という考え方も生まれてくる。

② 汚染者負担原則（Polluter Pays Principle）

環境に負荷を与える可能性のある行為をする者に、その行為に伴って生じる費用の負担を求める原則である。汚染行為者に、公害防止装置の費用負担や、汚染被害の損害賠償や原状回復の費用の負担を求める原則である。日本では、公害被害者救済の取り組みの中で、公害原因者の賠償責任を追及する原理として独自に発展してきた。なお、公害問題は外部不経済問題の典型例であるといわれるが、汚染者負担原則は、この外部不経済の内部化にも貢献する。

③ 予防原則（Precautionary Principle）あるいは予防的アプローチ

特定の行為あるいは物質の使用の有害性について科学的に証明できない場合であっても、規制をすることを妨げられないとする原則である。有害性については科学的な証明があるまで規制を差し控えていては、取り返しの付かない被害が発生してしまうことも少なくない。そこで、有害性に関する証明度を下げて、予防的に規制することを可能とする予防原則の確立が必要と考えられるようになった。環境問題の多くは、不確実性に囲まれている点でも、環境法における予防原則の確立は重要である。化学物質の規制、遺伝子組み換え生物の規制、あるいは漁獲制限規制などの領域で発展してきている。

また、良好な環境を享受する権利として「環境権」が提唱されている。環境権が裁判で承認されたことはないが、都市計画等の地域環境の形成においては、地域環境に対する住民の利益は重要なものとして考慮されてきており、それを環境権として理解することも可能である。また、地域環境の形成に係わる意思決定や環境アセスメント過程に住民が参加して、意見を反映することも制度的に整えられてきている。そこで、環境権を環境形成にかかわる意思決定へ参

加する権利として再理論構成しようとする動きもでてきている。

(引用・参考文献)
1) 環境省：公害防止計画制度に係る参考資料、2015.6.10 参照、
   URL< https://www.env.go.jp/policy/kihon_keikaku/kobo/com/com01/ref02-1.pdf>

2. 自然環境とその保全・再生に関する法的枠組み

(1) 自然環境の保全と生物多様性および動植物の保護等に関わる法律

我が国では、表 1-5 に示すように、近年になって生物多様性と動植物の保護に関わる多くの法律が制定あるいは改正されてきた。

表 1-5　我が国における自然環境の保全と生物多様性および動植物の保護等に関わる法律等

西暦年	法律等名称
1992	「絶滅のおそれのある野生動植物の種の保存に関する法律」（種の保存法）（制定）
1997	「生物多様性国家戦略」（制定）
1997	「環境影響評価法」（制定）
2002	「新・生物多様性国家戦略」（改正）
2002	「自然再生推進法」（制定）
2002	「鳥獣の保護及び狩猟の適正化に関する法律（鳥獣保護法）」（改正）
2002	「自然公園法」（改正）
2003	「遺伝子組換え生物等の使用等の規制による生物の多様性の確保に関する法律（カルタヘナ法）」（制定）
2004	「景観法」・「景観法の施行に伴う関係法律の整備等に関する法律」・「都市緑地保全法等の一部を改正する法律（都市緑地法）」（以上の３つの法律を総称して「景観緑三法」という）（制定・改正）
2004	「特定外来生物による生態系等に係る被害の防止に関する法律（外来生物法）」（制定）
2004	「文化財保護法」（従来の「天然記念物」等のほかに、新たに「文化的景観」の指定）（改正）
2007	「第三次生物多様性国家戦略」（改正）
2008	「生物多様性基本法」（制定）
2010	「自然環境保全法」（改正）
2010	「生物多様性国家戦略 2010」（改正）
2012	「生物多様性国家戦略 2012-2020」（改正）

①「生物多様性基本法」と「生物多様性国家戦略」

　1993年に国際条約である「生物多様性条約」を締結しながらも、これを国内法化する作業に手間取り、「生物多様性基本法」が制定されたのは2008年になってからであった。

　生物多様性基本法では、「生物の多様性」を「さまざまな生態系が存在すること、ならびに生物の種間および種内にさまざまな差異が存在することをいう」と定義している。この定義からは、生物多様性とは「生態系の多様性」、「生物種の多様性」、「生物の遺伝子の多様性」を指しており、生物多様性の確保とはこの3つのレベルの異なる多様性をすべて保護することを意味している。このような生物多様性に関わる課題を解決すべく、複数の関係する法律、特に動物の保護に関してはさまざまな規制や施策が規定されている。

　なお、生物多様性基本法が制定される以前の1997年以降、2012年現在までに、4回にわたって「生物多様性国家戦略」が見直されてきている。生物多様性国家戦略は、生物多様性条約および生物多様性基本法に基づく、生物多様性の保全および持続可能な利用に関する国の基本的な計画で、最新の「生物多様性国家戦略2012-2020」では、2010年10月に開催された生物多様性条約第10回締約国会議（COP10）で採択された愛知目標の達成に向けた我が国のロードマップを示すとともに、2011年3月に発生した東日本大震災を踏まえた今後の自然共生社会のあり方を示したものである。また、「生物多様性国家戦略2012-2020」では、1）生物多様性を社会に浸透させる、2）地域における人と自然の関係を見直し・再構築する、3）森・里・川・海のつながりを確保する、4）地球規模の視野を持って行動する、5）科学的基盤を強化し、政策に結びつける、といった5つの基本戦略を掲げている。

② 自然再生推進法

　自然再生推進法は議員立法により制定された法律であり、過去に損なわれた生態系その他の自然環境を取り戻すことを目的としている。本法は我が国の生物多様性の保全にとって重要な役割を担うものであり、行政機関、地域住民、NPO、専門家等の地域の多様な主体の参加により、河川、湿原、干潟、藻場、里山、里地、森林、サンゴ礁などの自然環境を保全、再生、創出、または維持管理することを求めている。

　自然再生の基本理念としては、1）多様な主体の連携、2）科学的知見やモニタリングの必要性、3）自然再生事業の順応的管理、4）自然環境学習の場としての活用等が定められており、自然再生に関する施策を総合的に推進するために、基本方針となる「自然再生基本方針」を2003年に決定し、これを受けて同法の本格運用が開始された。

　このほかに、自然再生事業の実施にあたっては、関係する各主体を構成員とする「自然再生協議会」を設置することや、「自然再生事業実施計画」を事業主体が作成すること等が定められているが、あくまでも再生事業であることから、環境アセスメントの対象となっていない点について批判等が寄せられている。

第Ⅰ編　自然環境に関わる思想と法的枠組み

③ 鳥獣保護法

　サルやシカなど、市街地を少し離れれば目にすることができる野生鳥獣については、その捕獲にあたっては、「鳥獣の保護及び狩猟の適正化に関する法律（鳥獣保護法）」に基づいた行政の許可が必要とされている。なお、2002年には法律が全面改訂され、以降、同法の目的に「生物多様性の確保」が加えられた。

④ 種の保存法

　国内の希少な野生動植物の捕獲については、「絶滅のおそれのある野生動植物の種の保存に関する法律」（種の保存法）」において、学術研究や繁殖目的などの公益上の目的に基づく捕獲行為を除いて禁止されている。詳しくは**本編第3章の3.**を参照されたい。

⑤ 外来生物法

　外来生物による被害の発生は、意識してあるいは意識せずに外来生物の個体を不用意に自然に放ってしまうことや、気付かないうちに飼い主のもとを逃げだしてしまうことに起因している。そこでこのような外来生物による被害を防止すべく、「特定外来生物による生態系等に係る被害の防止に関する法律（外来生物法）」において「特定外来生物」を指定し、その飼養、栽培、保管または運搬、輸入その他の取扱いについて規制を行っている。また、外来生物法は、すでに日本に広く定着してしまっている外来生物を駆除するために、行政やその他の団体において行われる防除活動についても別途定めている。

⑥ カルタヘナ法

　「遺伝子組換え生物等の使用等の規制による生物の多様性の確保に関する法律（カルタヘナ法）」は、生物多様性条約のなかで、遺伝子組換え生物等の国境を越える移動に関して定められた「カルタヘナ議定書」を運用するための国内法であり、遺伝子組換え生物の使用等について規制をし、遺伝子組換え生物が生物多様性へ影響を及ぼさないかについて事前に審査することや、遺伝子組み換え生物を適切に使用するための方法について定められている。

⑦ 自然公園法

　自然公園とは、優れた自然の風景を保護し、その利用の増進を図り、国民の保健、休養および教化に資することを目的として設立された国立公園、国定公園、都道府県立自然公園の3種をいう。自然公園制度の目的は、優れた自然の風景地を保護するとともに、その利用の増進を図り、もって国民の保健、休養および教化に資することである。たとえば、国立公園には、知床半島、富士山、西表島のような、我が国を代表する風光明媚な傑出した風景地が指定されてきた。しかし、生態系の保全に対する関心が高まっている今日においては、風景地としてのみ自然を捉えるのは十分なものではないということが自覚されるようになり、2002年の法改正により、自然公園における生態系の多様性の確保とその他の生物の多様性の確保を旨とするこ

とが規定された。

自然公園法においては、下記の問題が指摘されている。

１）ゾーニングによる権利関係の複雑さと管理・運営の問題

我が国の自然公園内には多数の私有地や林野庁所管の国有林野が含まれ、実際に自然公園を管理・運営する環境省の所有地は１％にも満たない。また、同法には財産権の尊重が規定されているため、自然環境保護の政策が甘くなることが懸念されている。

２）保護と利用の両面の促進の問題

地球温暖化防止政策の一つである新エネルギー利用促進の観点から、自然公園内に風力発電用の施設設置への対応という新たな問題もでてきた。法の目的にもある「優れた自然の風景地を保護するとともに、その利用の増進を図る」という、保護と利用を同時に達成しようという矛盾も抱えている。さらに、利用者の増加による「過剰利用（オーバーユース）」の問題も指摘されている。

⑧ 自然環境保全法

自然環境保全法は、原生あるいはそれに近い自然環境に対して自然環境保全地域を指定し、さらに特別地区や野生動植物保護地区を設けて諸活動を制限することにより、当該地における自然環境を保護するものである。なお、2010 年には、指定された自然環境保全地域における生態系維持の回復事業に関する規定が創設され、生態系保全の施策が強化されるようになった。

⑨ エコツーリズム推進法

最近の身近な環境についての保護意識の高まりや、自然と直接ふれあう体験への欲求の高まりが見られるようになってきたことを背景に、「エコツーリズム」が推進される事例が見られるようになってきた。しかし、現在は地域の環境への配慮を欠いた単なる自然体験ツアーがエコツアーと呼ばれ、あるいは観光活動の過剰な利用により自然環境が劣化する事例も見られることから、適切なエコツーリズムを推進するための総合的な枠組みを定める「エコツーリズム推進法」が 2008 年に施行された。この法律は、地域の自然環境の保全に配慮しつつ、地域の創意工夫を生かしたエコツーリズムを推進するに当たり、１）政府による基本方針の策定、２）地域の関係者による推進協議会の設置、３）地域のエコツーリズム推進方策の策定、４）地域の自然観光資源の保全の４つの具体的な推進方策を定め、エコツーリズムを通じた自然環境の保全、観光振興、地域振興、環境教育の推進を企図している。

⑩ 環境影響評価法

環境基本法では、大規模開発事業に対して環境への影響を事前に調査して予測する環境影響評価（環境アセスメント）の推進が位置付けられていたが、「環境影響評価法」が制定されたのは 1997 年になってからである。同法の制定により、道路やダムなど環境影響評価法の対象となる事業者は、環境アセスメントを行うことが義務付けされた。

環境アセスメントの実施の判定については、事業の規模だけでなく、環境影響への大きさにより、「第1種事業」と「第2種事業」および「対象外事業」に区分され、「スクリーニング」と呼ばれる手続きによりこの区分判定が行われる。ここで、「環境影響の大きさ」とは、事業特性（規模が小さくても環境負荷が多大な事業もある）や、地域特性（国立公園付近での事業など、事業が実施される場所によっては小規模でも環境への影響が大きい場合もある）をも考慮する、ということを意味する。また、環境アセスメントにおいて、その手法や評価法を決めるための手続きを「スコーピング」と呼ぶ。

環境影響評価法は2011年に改正され、以下の2点が追加された。

1）計画段階で配慮事項を検討することによって、より有効な環境保全策が選択されるための「配慮書」手続きをとること

2）環境保全措置がとられた結果として生物多様性が保全されたかなどの確認をとるための「報告書」手続きをとること

⑪ 景観緑三法

我が国の急速な都市化は、良好な「まちづくり」という視点を欠き、少なくとも景観に対する配慮はほとんどなかった。2004年に景観に関する総合的な法律である「景観法」が制定され、これに「景観法の施行に伴う関係法律の整備等に関する法律」と「都市緑地保全法等の一部を改正する法律（都市緑地法）」を合わせた「景観緑三法」が施行された。

「景観法」が主に対象としているのは都市の景観であり、農村の景観については他の法律に委ねられることになる。そのような中で注目すべきは、2004年に改正された「文化財保護法」において創設された「文化的景観」という制度である。「文化的景観」とは、地域における人々の生活または生業および当該地域の風土により形成された景観地で、具体的には、棚田、里山、用水路など人と自然とのかかわりの中で形成されてきた景観を指す。従来の保護対象である文化財と同様に指定を受けることで、その維持管理に一定の補助金が支出される。

「都市緑地法」は都市地域における緑地保全と緑化の推進の必要事項を定めたものである。都市緑地の保全を考えるにあたって、市街地の緑地保全と里山里地など郊外の広範な緑地の保全とは区別することが有益である。都市緑地法における「特別緑地保全地区」と「緑地保全地域」の区分が、これにほぼ対応する。また、すでに緑地が減少した市街地では、既存緑地の保全に加えて、新たな緑の創出が必要となる。「緑化地域」は、市街地の民有敷地に緑を創出する仕組みであり、「緑化地域」に指定されると、一定規模以上の敷地で建築物の新築や増築をしようとする者は、規定の面積以上を緑化しなければならない。また、住民のイニシアティブによる緑地の保全創出を支援する「緑地協定」の制度や、指定された緑化重点地区等での建物の屋上や敷地などの緑化施設について税制優遇を受ける「緑化施設整備計画認定制度」も規定されている。さらに、都市緑地法では、緑地所有者の高齢化や不在などの理由で緑地の管理が不十分となるような場合への対応として、「管理協定」と「市民緑地契約」の制度がある。これは、地方自治体や緑地管理機構が土地所有者に代わって緑地管理を行う制度であり、土地所有者に

とっては緑地の維持管理コストや税制優遇の面で利点となり、地域の緑地の保全にも貢献している。

(2) 自然環境の保全活動等に関連するその他の法律等

直接的あるいは間接的に自然環境の保全活動等に関わるその他の法律等について**表1-6**に示し、以下にその概要を述べる。

表1-6　自然環境の保全活動等に関わるその他の法律等

西暦年	法律等名称
1997	「河川法」（改正）
1998	「特定非営利活動促進法（NPO法）」（制定）
1999	「食料・農業・農村基本法（新農基法）」（改正）
1999	「海岸法」（海岸管理者の設置等）（改正）
2001	「森林・林業基本法」（改正）
2003	「環境の保全のための意欲の増進及び環境教育の推進に関する法律（環境保全活動・環境教育推進法）」（制定）
2010	「緑と水の環境技術革命総合戦略」（制定）
2010	「地域資源を活用した農林漁業者等による新事業の創出等及び地域の農林水産物の利用促進に関する法律（六次産業化・地産地消法）」（制定）
2011	「環境教育等による環境保全の取組の促進に関する法律（環境教育等促進法）」（改正）

①「食料・農業・農村基本法（新農基法）」

日本の経済が急速に成長し、著しい国際化が進展していく中で、日本の食料・農業・農村をめぐる情勢は大きく変化した。こうしたなかで、暮らしといのちの安全・安心の礎として、国民の農業・農村に対する期待が高まり、「食料の安定供給の確保」のみならず「多面的機能の発揮」を図り、将来にわたって「農業の持続的な発展」とその基盤となる「農村の振興」を目指して、1999年に「食料・農業・農村基本法（新農基法）」が制定された。同法は、食糧の安定供給、国土保全、水源涵養、里地里山を含む自然環境の保全・良好な景観の形成・文化の伝承など、農村における農業生産活動により生ずる多面的機能の価値を維持・発展させることを基本理念に据えている。背景には、米消費の減少、食料自給率低下、農地面積の減少、耕作放棄地の増加、中山間地域の過疎化や集落崩壊など、急速な経済成長や国際化の著しい発展によって、我が国の食料・農業・農村をめぐる状況が大きく変化してきたことがある。

②「森林・林業基本法」

　森林および林業に目を向けると、林業に関する政策目標を明らかにし、それを達成するための基本的な施策を示すべく、1964年に「林業基本法」が制定され、林業の発展と林業従事者の地位向上を志向した。しかし、その後の林業の衰退には拍車がかかり、他方で地球温暖化対策としての森林の効用や生物多様性保全の観点からの森林保護という考え方が強まってきた。1992年の地球サミットでは、森林原則声明とともに生物多様性条約が採択された。また、1997年に発効した京都議定書では我が国に対して温室効果ガスの1990年比で6％の削減目標が課せられ、このうち3.9%は森林を吸収源とすることが合意された。このような動向を背景に、林業基本法を抜本的に改正した「森林・林業基本法」が2001年に制定された。同法は、これまでの林業振興に加えて、森林の有する多面的機能の持続的発展と林業の健全な発展を目的としている。同法が掲げる多面的機能とは、国土保全、水源涵養、自然環境保全、公衆保健、地球温暖化防止、林産物供給等とされるが、いずれも積極的な経済評価が難しい。

③ 農山漁村の活性化に関わる法律等

　我が国の農山漁村は、人口の減少や高齢化の進行、兼業機会の減少等、厳しい状況にあり、早急にその活力の再生を図ることが不可欠である。また、農山漁村の活性化を図るためには、一次産業である農林漁業と、二次産業、三次産業との融合を図り、農山漁村に由来する農林水産物や、バイオマス、太陽光・水力・風力等の再生可能エネルギー等の地域資源を最大限活用することにより、地域ビジネスの展開と新たな業態の創出を促す農山漁村の六次産業化を推進することが不可欠である。そこで、2010年に「緑と水の環境技術革命総合戦略」が策定された。同戦略は、農林水産業・農山漁村に存在する豊富な資源と他産業の持つ革新的技術との融合により、素材・エネルギー・医薬品等の分野において、農山漁村地域での新たな産業の創出を企図している。

　また、2010年に施行された「地域資源を活用した農林漁業者等による新事業の創出等及び地域の農林水産物の利用促進に関する法律（六次産業化・地産地消法）」は、農林漁業者による加工・販売への進出等の「六次産業化」に関する施策、地域の農林水産物の利用を促進する「地産地消等」に関する施策を総合的に推進することにより、農林漁業の振興等を図ることを目指している。

④ 河川・海岸の利用関連法

　人類史においては、治水に成功した者が権力を掌握し、国家建設に成功してきた。他方で、治水に失敗すれば、それは直ちに政権の崩壊を意味していた。とくに、国土面積の7割近くが森林地帯で、高低落差の激しい河川を多数抱える我が国では、治水対策は他国以上に最重要課題となってきた。我が国における治水対策の基本は1896年に制定された「河川法」である。同法の制定当時は、「治水」対策に重点が置かれ、流水、河川敷、堤防に私権の成立を認めず、河川管理は原則として地方行政庁が行うものとしていた。その後、1964年の改正では水力発

電や工業用水確保を目的とする「利水」という視点が加わり、1級河川は国が、2級河川は都道府県知事が、準用河川は市町村が管理するという水系主義の河川管理制度が採用された。1997年の河川法改正では「河川環境の整備と保全」という視点が加えられた。河川の自然環境の保全には、河川の流水中に生息する水生動植物、河川流域の水辺に生息する陸生動植物の多様性の再生が含まれる。また、河畔林、湖畔林、川辺林等の樹林帯を河川管理施設とする規定が設けられ、河川が持つ多面的機能面と、緑と水の回廊としての役割に大きな期待が寄せられている。

　1956年に津波、高潮、波浪等による被害から海岸を防護することを目的に制定された「海岸法」は、1999年の改正によりほぼすべての海岸線に海岸管理者を設置して、海岸の私的利用を大幅に制限している。これは、海岸における常設的な構造物の建築、レジャーの多様化に伴う大型四輪駆動車の乗り入れなどが拡大したことなどを背景としている。

⑤ NPO法
　自然再生推進法が主に再生事業主体として期待しているのはNPOである。NPOは、1998年に施行された「特定非営利活動促進法（NPO法）」に基づいて設立される。NPO法の主要な目的は、「特定非営利活動を行う団体に法人格を付与し、ボランティア活動をはじめとする市民が行う自由な社会貢献活動としての特定非営利活動の健全な発展を促進し、もって公益の増進に寄与すること」にある。特定非営利活動とは、不特定かつ多数のものの利益の増進に寄与することを目的とするものをいい、その活動分野は、保健・医療・福祉、社会教育、まちづくり、観光、農山漁村・中山間地域振興、学術、文化・芸術・スポーツ、環境保全、災害救援、地域安全、人権擁護・平和推進、国際協力、男女共同参画社会形成、子供の健全育成、情報化社会の発展、科学技術の振興、経済活動の活性化、職業能力開発・雇用機会の拡充支援、消費者の保護と多岐にわたる。

　2011年の法改正では、税制面からNPO法人の活動を支援するための認定NPO法人制度が設けられた。認定NPO法人とは、NPO法人のなかで運営組織および事業活動が適正であってNPO活動の健全な発展の基盤を有し公益の増進に資するもので、一定の基準に適合するものと所管庁が認めた場合に税制上の優遇措置を受けることができる。

⑥ 環境保全活動・環境教育推進法
　環境保全や環境教育活動の担い手となる人材育成を図るべく、2003年に「環境の保全のための意欲の増進及び環境教育の推進に関する法律（環境保全活動・環境教育推進法）」が施行された。同法では、国や地方公共団体が環境保全活動や環境教育を推進するための施策を策定・実施する際に、市民との連携に留意すること、公正性・透明性を確保することなどを促している。しかし、環境教育の内容が限定的に捉えられ、あるいは多くの条項が努力規定にとどまるなどの問題点が指摘されていた。そこで、2011年に大幅に改正され、名称も「環境教育等による環境保全の取組の促進に関する法律（環境教育等促進法）」に変更された。改正法では、環境

教育について「持続可能な社会の構築を目指して、家庭、学校、職場、地域その他のあらゆる場において、環境と社会、経済及び文化とのつながりその他の環境の保全についての理解を深めるために行われる環境の保全に関する教育及び学習」と定義した。これにより、環境教育の最終目的は持続可能な社会を築くことであり、学校のみならず、すべての場で、単に環境問題の知識を得るだけでなく、社会や経済活動、地域の文化等とも関連付けて横断的に行う必要があることが明確になった。また、環境教育や環境保全活動を効果的に進めるには、国民、民間団体等、国、地方公共団体がそれぞれ適切に役割を分担しつつ、対等な立場において相互に協力して取り組む協働取組の重要性が示され、そのひとつとして「政策形成への民意の反映等」を規定している点も特筆すべきである。

第Ⅱ編

自然環境再生の考え方と技術論

第1章 自然環境とその再生に関わる基礎的知識

1. 生態系の成り立ち

(1) 生態系と生物群集

　ある地域の自然環境に生息するすべての生物と、それをとりまく環境要因を一体としてとらえたとき、これを生態系（エコシステム）という。生態系の模式図を図2-1に示す。自然界に存在するすべての生物種は、各々が独立して存在しているのではなく、食うものと食われるものとして食物連鎖に組み込まれて、相互に影響し合って自然界のバランスを維持している。こうしてバランスが保たれて安定した生態系を良好な生態系であるという。

　私たちが自然の風景を見るとき、森林、草原、湿地、砂浜、農地、ため池など、これらを異なった景観として認識できる。それぞれには独自の生物が生活していることも、直感的に理解できるであろう。この場合、景観の一つ一つを生態系と置き換えることもできる。森林には森林の生態系が、草原には草原の生態系が存在しており、これらの間では、生物群集を構成する種が異なり、あるいは種間の相互関係が異なる。生態系のサイズは、これ以上の大きさがなければいけないと言う決まりはない。水たまりと呼ぶような小さな水域、あるいはもっと小さな樹木にできたウロに水が貯まった水域なども、そこに微生物やボウフラなどが生きている限り、生態系と呼ぶことができる。調査や研究のためだけでなく、必要があって自然を区切って考えたい場合、それを生態系と見なしてとらえることが可能である。重要なことは、そのなかに、ある種の生物が、あるいは生物群集が生きていることである。

　植物は光合成により自身の体をつくり成長していくが、動物が無機物から有機物をつくりだすことは不可能である。動物は植物の体を食べて、また捕食動物は他の動物を食べて生活している。このような連鎖的な関係で結びついた生物群集が存在し生態系を形成している。それぞれの生活する場の環境条件により生物群集の種が異なることは生態系の特徴となり、また生態系の特徴は生物群集の相違を表している。生物群集の連鎖は、ある種が欠けることにより変化して、場合によっては生態系全体に及ぼす大きな変化ともなる。外来種の侵入は、これまでの生態系にない新しい種間関係をもたらし、他の種を絶滅させることがあり、保たれてきたバランスを大きく崩すことになる。しかし、外来種問題には人為が深く関係していることが多く、もとの生態系に戻すためには、人為的な行為を行う必要がある。

　自然環境を再生するということは、生態系の仕組みを理解して、それらの機能を甦らせることである。自然の蘇生にかかる地球歴史的時間を、人の時計で解決しようとすることは、そもそも冒険的で無謀なことなのかも知れないが、人為が関係したことで崩れた生態系を、人為により戻す努力はする必要がある。生態系「Ecosystem」という言葉は、1930年にイギリス人ロ

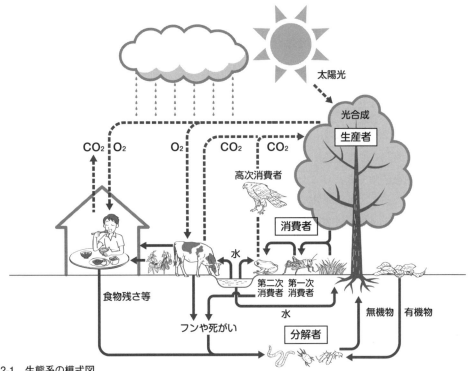

図2-1 生態系の模式図

イ・クラファンが造語して、1935年に生態学者アーサー・タンズリーが論文で初めて用いた。

(2) 食物連鎖

　東京都世田ヶ谷区の野川は、住宅地に囲まれた流程約20kmの都市型の小河川である。その河川敷には、侵入してきたセイバンモロコシが繁茂し、他の植物を圧倒している。そのために、イネ科植物を食べるトノサマバッタとショウリョウバッタの個体数は増えている。これらのバッタ類は、とくに幼虫期にオオカマキリや鳥たちによく食べられている。バッタ類を食べる鳥類はモズ、ムクドリ、ハシボソカラスなどである。コサギは川に獲物がないと、ときには陸地でバッタを追うことがある。これらの鳥類を食べる動物は唯一オオタカで、野川の近くの雑木林で営巣して、子育てもしている。ここでは、カワラバト（ドバト）が捕食されることが多く、むしり取られたハトの羽が散乱した跡を見かける。その他にカルガモを襲った目撃例もある。実際の観察を欠くが、モズやムクドリはオオタカの餌の範囲に入れてよいと考える。これらの観察例をもとに、野川の生態系においては、セイバンモロコシ→トノサマバッタ・ショウリョウバッタ→モズ・ムクドリ→オオタカの連鎖が考えられる。このように、食う・食われるという関係は鎖状にたどることができ、これを食物連鎖という。しかし、バッタ類はオオカマキリやハラビロカマキリにも捕食され、カマキリは鳥類にも捕食されている。野川では在来種のカエルはほとんど姿を消して、現在はウシガエルのみが生息する。バッタ類やカマキリはウシガエルの餌メニューに入るが、夜間活動性で野川における捕食を観察することは難しい。ヘビ類は唯一アオダイショウが少数ながら生息している。アオダイショウがカワセミの巣穴に

入り、雛をのみ込んだことが野鳥の観察者より報告されている。このように、実際の食物連鎖は先に示した単純な鎖のつながりではなく、複雑に交差した網目のようになり、実態は「食物網」として考えるべきである。生態系を具体的に実感するのは難しいが、観察を通じて得られた断片的な事象をつなげ、食物連鎖を想定することは可能である。

また、野川には多くの外来動植物が生活しているが、それらが食物連鎖を通じて、在来種に大きな影響を与えている。とくに水生生物は、アメリカザリガニとウシガエルの捕食により、多様性を著しく衰退させている。このように、生態系における食物連鎖は、自然の中で生きる動植物の基本的な活動であり、これを理解することは自然再生に欠かせない知識である。

生物濃縮は、きわめて低い濃度で溶存している物質が食物連鎖を通して、次第に高位の生物に濃縮されていく現象をいう。かつてレイチェル・カーソンが著書「沈黙の春」において、農薬として害虫の駆除に使用されたDDTが、「水→プランクトン→魚→鳥」の食物連鎖の過程ごとに高濃度に蓄積され、上位捕食者である鳥の死滅を招いたことが指摘された。その後、農薬の使用は、残留しにくい（分解しやすい）ものを効果的に用いる方向に転換された。

(3) 生態系ピラミッド

生態系の食物連鎖によって、栄養（物質）が移動し循環していく。植物は光合成により、自身の体をつくり出すことができる「生産者」である。動物は植物を食べることにより、栄養とエネルギーを得て活動できる「消費者」である。セイバンモロコシを食べたバッタ類は、第一次消費者で、バッタ類を食べるカマキリは第二次消費者となり、カマキリをたべる鳥類は第三次消費者となる。そして鳥類を食べるオオタカは、生態系の頂点に位置する高次消費者である。食物連鎖で生産者から消費者の頂点までには、4段階～5段階を経るのが一般的である。

これらの仕組みを各段階の生物量、たとえば各種の個体数で考えたとき、高位段階になるほど下位よりもその個体数は少ないと予測できる。食べる側が食べられる側よりも多ければ、食物不足により生きていけないことは自明である。トノサマバッタやショウリョウバッタが、セイバンモロコシを食べ尽くすことはない。オオカマキリがトノサマバッタを食べつくこともない。食べられる下位のものは、上位のものよりも常に個体数（生物量）が多いと考え

図2-2　生態系ピラミッド

てよい。この関係は、**図2-2**に示すように、生態系ピラミッドと称され、生態系の一つの重要な特徴である。しかしながら、実際の自然界における食うものと食われるものの関係は、ここで述べたような単純なものではなく、オオカマキリはトノサマバッタばかりを食べているのではない。また、捕食者が対象とする餌を種ごとに食べ分けていることもある。つまり、種によってメインのメニューが異なることもあり、時期によって変えることもある。鳥類は第二次消費者のトノサマバッタを食べるとともに、第三次消費者のカマキリも同時に食べている。さきに、食物連鎖は食物網であると述べたが、その内容は確かに複雑ではあるものの、「生態的ピラミッド」の原則はゆるがない。

　ときおりアフリカやオーストラリアなどの草原で、トビバッタ類の大発生がおこり、通常は食べないものまで摂食し、大群をなして食べ尽くし移動をすることはよく知られている。この異常事態に、各地で生態系の崩壊が起こる（飛蝗現象）。このような現象の研究も進んでいるが、ここでは生態系ピラミッドの概念のみ触れるにとどめる。

(4) 物質・エネルギー循環

　生態系のなかで生物を構成する物質の流れを物質循環という。物質を元素に置き換えて、炭素、窒素、リンなどの流れを指すこともある。前掲の**図2-1**に示すように、植物は水と二酸化炭素と太陽光の光エネルギーから、葉緑体の働きによって、生物が必要とするブドウ糖をつくり出す（光合成）とともに、自らもブドウ糖を使い、自身の体をつくり生長する。植物が生産者と言われるのは、この機能により生態系の中でもっぱら有機物を生産するからである。動物は自ら体をつくり出すことはできず、植物に依存しているので消費者と呼ばれる。前述の食物連鎖に示したとおり、植物は草食動物によって食べられ消費される（第一次消費者）。また、草食動物は肉食動物によって食べられ、消費される（第二次消費者）。

　植物は土に根を張ることにより土壌中の栄養分を吸収し、光合成を行いながら上に伸びていく。土壌の最上層を表土と言い、この中に成長に欠かせない栄養分が存在する。表土には微細な土壌動物やバクテリアなどが生息して、腐植した生物の遺体を分解して、常に土をつくるとともに、土中に栄養分を補給している。動物の遺体や排泄物は、腐食性昆虫類等によって処理され、「腐食連鎖」を通して環境に戻される。植物遺体は、落葉、枯れた枝や幹、落下した果実などの有機物である。これらの動植物の遺体や排泄物を栄養源としている生物群集は、細菌、菌類、線虫、ミミズ類、ササラダニ類、トビムシ類、腐食性昆虫類などが含まれ、「分解者」と称される。生態系における物質循環系は、最終的には微生物による有機物の無機化がなされ、植物による養分吸収を可能にしている。このように分解者の働きは生態系にとって極めて重要であるが、前述した食物連鎖のような関係では目撃しにくい世界で、一般的には十分に認識されていないかもしれない。

　物質は新たな物質を構成しながら消費と移動を繰り返し、最後には分解者に還元されて環境に戻される。一方で、太陽光の光エネルギーは、植物の光合成によって有機物の化学エネルギーに転換される。この転換された化学エネルギーは、栄養として利用する物質とともに、生

第Ⅱ編 自然環境再生の考え方と技術論

物間を移動して生態系にいきわたる。地球上に降り注ぐ太陽光エネルギーは、熱エネルギーや
化学エネルギー等に転換されて、その一部が生物に利用されるが、地球上で利用されないエネ
ルギーは最終的には宇宙に帰っていき、トータルの太陽光エネルギーの量は一定に保たれてい
る（エネルギー保存の法則）。

(5) ハビタットとビオトープ

　ハビタット（habitat）は、すみ場所、生息場所、生息環境などと訳されているが、それぞ
れの生物がすんでいる特有の場所、生息空間のことである。生態学的にも種を理解するために
基本的なことであるが、「それがどこにいるか」ということで、漁師、猟師、自然観察者から
みて大変重要なことである。すべての生物種が、その生息場所の環境に適応して生きてきた。
種とハビタットとその環境要因は一体化したセットとして理解できる。環境が種のハビタット
を決めているならば、種の存在により環境を予測できる。水生昆虫の調査から、河川の水質
を知り、汚染を予測する方法がそれである。「指標生物」として場の環境を標徴する発想も、
生物とハビタットの関係を積み上げた成果から出てきた。種の生活史はハビタットの環境条件
に適応して長い歴史を経て成立し、日常の活動もその条件の範囲内である程度は限定されてい
る。

　ハビタットとビオトープ（独biotop，英biotope）はしばしば同義に用いられることがある
が、ハビタットは生態学的範疇で用いられる場合が多く、ビオトープは環境再生や自然の保全
などにおいて用いられることが多い。また、ハビタットは一般的に種を単位としてその個体と
個体群を対象に考えるが、ビオトープは種を対象として考える場合から、広くいろいろな生物
の生活の場を含めて考える場合がある。いずれにしても、内容はともに共通して生物のすみ場
と環境を対象としているので、自然環境の再生には最も基礎的で重要な概念である。有能な漁
師は、体験と観察を重ねた結果として、対象魚のハビタットを熟知し、成果をあげるに違いな
い。自然再生には、ハビタットの理解は欠かすことのできない要件で、観察を重ね情報を収集
することが必要である。

(6) 生物多様性

　「2010年までに『生物多様性損失』を減らそう」という国際目標が2002年に設定された。残
念ながら生物多様性損失のスピードは減じることなく、現在も続いている状態である。名古屋
のCOP10では、その損失を食い止めるために実行性のある行動計画が打ち出されたことは前
述した通りである。

　生物多様性とは、生態系に多様な生物が存在することをいい、種内の多様性（遺伝子）、種
間の多様性（種）、および生態系の多様性をさすと定義されている。Biodiversityは1985年に
B.G.ローゼンにより造語され、1988年にE.O.ウィルソンが使用して世に広まった。20世紀の末
には、世界的な規模で絶滅種に対する関心が高まったが、同時に生物多様性という言葉は世界
中に広く行きわたり、地球の未来を考えるために知っておくべきキーワードとされた。地球上

には発見された生物種が約175万種、未だ発見さていない種は1000万種を超えると考えられている。潜水艦でも調査されていない深海、樹高数10mの熱帯雨林の樹冠部（キャノピー）、土壌中の微生物など、人の目の届きにくい場所が未だ多く、この中に未発見の生物は潜んでいるはずである。

　日本の豊かな生物多様性は、日本列島が地史的に大陸と離合して、南北に長く6800余の島嶼を有し、アジアモンスーン地帯に位置していることが要因になっている。日本の野生生物の既知数は、動物が6万種を超え、植物が3万4千種余である。このうち昆虫類が3万種を超えるが、未だに新種の発見が続き、今後さらに増加することが予想される。大陸に近いとはいえ、固有種が多いこと、また大陸ではすでに絶滅したと考えられる種が遺存種として残っていることも特徴的である。しかしながら、レッドリストを見る限り、絶滅危惧種が多く、危機的状況にあることも事実である。この危機の要因として、以下に示す「生物多様性の4つの危機」が指摘されている。

① 第1の危機「開発など人間活動による危機」

　　　　　　　開発により生息環境が悪化し生息地が縮小している

② 第2の危機「自然に対する働きかけの縮小による危機」

　　　　　　　第1の危機とは逆に、人による働きかけの減少が影響することで、里山や草原が利用されなくなり、その環境特有の生物が危機に瀕している

③ 第3の危機「人間により持ちこまれたものによる危機」

　　　　　　　外来種や化学物質などを人が持ちこむことによる影響がでている

④ 第4の危機「地球環境の変化による危機」

　　　　　　　地球温暖化や強い台風の頻度が増すことによる影響がでている

　生物多様性の保全と持続可能な利用にあたっては、生態系・種・遺伝子の多様性を的確に把握し、地域や生態系の特性に応じた保全や利用を図っていくことが必要である。

（7）生態系サービス

　人間社会の中で日常を過ごしていると、意識が希薄になりがちであるが、人類は物心ともに、自然より得られるもので生きることが可能となっている。つまり、人類は自然から恩恵を受けることにより、生活ができるのである。たとえ都会に住んでいても生態系の一員であり、切り離すことのできない自然のシステムの中にわれわれは存在する。生態系に由来する、人類に利益になる機能を「生態系サービス」という。生態系サービスの機能は**表2-1**（次ページ）に示すように一般的に「① 供給サービス、② 調整サービス、③ 文化的サービス、④ 基盤サービス」の4つに分けられる。

　現在は、いずれのサービスにも課題を抱えているが、供給サービスで例を挙げると、2014年に国際自然保護連合が、太平洋クロマグロを絶滅危惧種としてレッドリストに掲載したことが話題となった。クロマグロは日本の漁獲量が最も多く、また全体の70%を消費している。絶滅危惧種になったからといって、直ちに規制されるわけではないが、産卵海域に保護区を設けた

り、未成魚の漁獲削減をはかったりすべきである。その他にも、ウナギ、ハマグリ、アサリなど、激減が指摘されている漁業資源は多く、日本に課された期待は重い。多くの人々は、生態系サービスは無償で持続性があると誤解しているのではなかろうか。すべての地球の資源は無限ではないことを再考すべきである。すべての責任は現在生きているわれわれにあり、次世代に負の遺産を残さないようにすべきである。

表2-1 生態系サービスの例

サービスの分類	実　例
供給サービス	食糧(魚、肉、くだもの、きのこや菌類) 水(飲用、灌漑用、工業用) 原材料(繊維、木材、燃料、飼料、肥料) 薬用(薬、化粧品、染料)
調整サービス	大気調整(ヒートアイランド緩和、微粒塵捕捉) 気候調整(炭素固定、植生の降雨量への影響) 水量調整(排水、灌漑、地下水涵養) 地力の維持(土壌形成、土壌の肥沃化)
文化的サービス	自然景観の保全と維持 観光、レクリエーション、スポーツの場と機会 科学や教育に関する啓蒙や知識 文化、芸術、デザインへのインスピレーション
基盤サービス	花粉媒介(作物の生産と収穫) 種子の散布(動物の関与など) 病虫害のコントロール(天敵、食物連鎖、除染) 生息環境の提供(隠れ場所、営巣)

(引用・参考文献)
- 鷲谷いづみ（2001）：『生態系を甦らせる』、NHKブックス
- 武内和彦・鷲谷いづみ・恒川篤史編（2001）：『里山の環境学』、東京大学出版会
- 石井実監修（2005）：『生態学からみた里山の自然と保護』、講談社
- 松田裕之（2008）：『なぜ生態系を守るのか?』NTT出版
- 日本生態学会編（2010）：『なぜ地球の生きものを守るのか』、文一総合出版
- 環境省生物多様性センター編（2010）：『日本の生物多様性』、平凡社
- 石井実監修（2005）：『生態学からみた里山の自然と保護』、講談社

2. 自然環境再生の視点

(1) 原生自然環境と二次的自然環境

　自然環境は、原生自然環境と二次的自然環境に大別される。

　原生自然環境は、厳密には人間の手が加えられたことのない環境であり、我が国にはほとんど存在しない。ここに挙げるとすれば、山岳地域の伐採の後に長い間放置され原生的状態に復帰した環境（天然生林）や、原生林生態系の断片を保存している巨樹・巨木林などである。

　二次的自然環境は、加えられた人為の程度、時期、頻度などによってさまざまである。一方生物多様性に関していえば、二次的自然環境のすべてが原生自然環境に劣るわけではない。手入れされた里山などは、生物多様性の高い良い事例といえる。

(2) 農山漁村的自然環境

① 村落（農村・山村・漁村）

　都市に対して、第一次産業の従事者割合が高く、人口や家屋の密度が小さい集落を村落（hamlet）という。日本では単に村、また田舎とも呼ばれている。日本の村落の大半は、住

民が主に農業に従事している農村である。山村は山間にある集落で、林野面積の割合が高く住民は主に林業と農業に従事している。農村と山村を併せて農山村という。住民が主に漁業に従事している漁村の大半は、農業も行う半農半漁であり純漁村は少ない。これらを一括して「農山漁村」と行政文書などでは表現される。

② 村落的自然環境

我が国の平野部の大半を占める村落環境は、家屋、田畑およびその灌漑施設である河川、池沼、湿地、雑木林、入り江、磯浜、砂浜などをその構成要素とし、人間の手によって造成・維持・管理されてきた二次的自然の中でも、極めて人為度の高い環境である。しかし生物多様性の観点から見ると、村落的自然の擁した生物群は種数、個体数ともに極めて豊富であり、原生自然に勝るとも劣るものではなかった。

このような生物学的な意義に加えて、村落環境は日本人にとっての身近な自然として大きな意義を持つものであった。かつての村落はその比類なき美しさによって我が国の原風景をなし、人々は無償の広大な公園として季節ごとの自然を満喫した。また、我が国の芸術・文化の根源を探ると、その多くがこのような村落的自然を背景として生み出されたものであることがわかる。

一方、子供たちにとってのこの身近な自然は、その心身の成長のために必要不可欠な存在であったといえる。水浴び、魚とりなどの楽しい遊びを通じて、子供たちは体を鍛え、運動能力を身に付けるとともに、自然への理解を深めることができた。

(3) 生物多様性の保全のための考慮点

自然環境再生の官民挙げての動きは今後も拡大され続け、物質循環の概念の導入や文化的教育的視点の重視など、内容的にも多様化しつつある。しかし、自然再生の最も重要な柱が「生物多様性」の保全であることを忘れてはならない。

「生物多様性国家戦略（1995）」には、自然度の高い地域には人為の排除や適切な人為の働きかけが、二次的自然が中心の地域には人為による働きかけが維持・継続されるよう十分な配慮が必要なことや、その地域に本来生育・生息する種が普通に見られる状況を維持すべきなど、それぞれの地域の自然性に応じた生物多様性の保全と考慮点が示されている。

また、「豊かな自然共生社会の実現に向けたロードマップ」として位置づけられた「生物多様性国家戦略2012-2020」では、「科学的評価」、「能力開発」、「知見生成」、「政策立案支援」の４つの機能を柱として「生物多様性と生態系サービスに関する政府間科学政策プラットフォーム（IPBES：Intergovernmental science-policy Platform on Biodiversity and Ecosystem Service）」が設立され、生物多様性の分野においても科学と政策の結びつきを強化していくとしている。

3. 我が国における自然環境に関わる事項の経緯

我が国における自然環境に関わる事項の経緯について、主な事項を環境全般の事項と併せて表2-2に示し、以下に説明を加える。

表2-2 我が国における自然環境に関わる事項の経緯（環境全般に関わる事項と併記）

年代	自然環境に関わる事項	環境全般に関わる事項
1900-	南方熊楠による神社合祀反対運動（1907）	富山県神通川流域でイタイイタイ病が発生（1922）
	関東水電株式会社が、尾瀬沼の水利権を獲得（1921）	広島・長崎に原爆投下（1945）
	文部省・厚生省は尾瀬原ダム計画に反対表明（1948-1949）	
	「尾瀬保存期成同盟（後の日本自然保護協会）」発足（1949）	
1950-	尾瀬が「国立公園特別保護地域」に指定（1953）	熊本県水俣市で奇病（のちの水俣病）発生の報告（1956）
	「自然公園法」の公布（1957）	萩野昇と吉岡金市がイタイイタイ病カドミウム説発表（1957）
	尾瀬が特別天然記念物に指定（1960）	四日市ぜんそくが表面化（1961）
	東京電力は尾瀬の森林を「水源涵養林」に指定し伐採を原則禁止（1964）	日本各都市にスモッグ発生（1962）
	尾瀬原ダム計画を事実上凍結（1966）	東京オリンピック開催（1964）
	ラムサール条約が採択（1971）	公害対策基本法の制定（1967）
	自然環境保全法の制定（1972）	カネミ油症事件（PCBが原因）（1968）
	ワシントン条約が採択（1973）	環境庁が発足（1971）
	ラムサール条約に加入（釧路湿原を登録）（1973）	国連人間環境会議（ストックホルム会議）（1972）
1990-	環境庁がレッドデータブックを発行（1991）	豊島産廃問題が明らかに（1990）
	地球サミット開催（リオ宣言・気候変動枠組条約・生物多様性条約・森林原則声明アジェンダ21の採択）（1992）	
	生物多様性国家戦略の設置（1995）	環境基本法の制定（1993）
	環境アセスメント法制定（1997）	阪神淡路大震災（1995）
	河川法の改正（河川の自然性重視）（1997）	気候変動枠組条約COP3における京都議定書採択（1997）
	国連森林フォーラム（UNFF）の設置（2001）	ダイオキシン類対策特別措置法の制定（1999）
	新・生物多様性国家戦略の設置と自然再生推進法の制定（2002）	循環型社会形成推進基本法の制定（2000）
	外来生物法の制定（2005）	環境省が発足（2001）
	生物多様性基本法の制定（2008）	アスベストが社会問題に（2005）
	生物多様性条約COP10（愛知）（SATOYAMAイニシアティブ他採択）（2010）	東日本大震災（2011）
	生物多様性国家戦略2012-2020の設置（2012）	再生可能エネルギーの固定価格買取制度の開始（2012）

第Ⅱ編　自然環境再生の考え方と技術論

（1）自然保護運動（公害闘争との関連付け）

① 自然保護運動の原点

　我が国における自然保護運動の幕開けとしては、明治期における南方熊楠による神社の森林やその周辺の生態系保全を目的とした神社合祀反対運動が挙げられる。しかし、これは残念ながら後続の流れを生むことなく終結した。今日に続く運動の先駆けをなしたのは、1940年代における尾瀬ヶ原の電源開発阻止運動であろう。その成功を受け設立されたのが、今日も有意義な自然保護活動を展開している日本自然保護協会である。しかし、自然保護運動が広範な市民活動として展開されるには1970年代を待たなければならなかった。

② 村落環境の変貌と生物的素養の消滅

　我が国における自然破壊は、1950～1960年代を通じてそのピークに達したが、市民による自然保護運動の興隆や1970年代初頭における環境庁の設置などにより次第に緩和され、自然保護は国民の常識となった。しかし自然保護運動の目指したものは、学術上貴重な動植物の保護・保全ということであり、少なくとも1990年代までは身近な自然である村落環境はその対象とされなかった。

　ところが、その間に村落環境は著しく変貌し、生物的要素は急速な消滅への道をたどっていった。この人々に親しまれてきた生物の消滅がようやく一般の注目を浴び、その復活の動きが見られるようになったのは1980年代の後半のことであった。自然環境復元協会の前身である自然環境復元研究会の設立準備会が催されたのは1989年のことであった。

③ 公害闘争と自然保護運動

　戦後、産業の復興と経済の発展に邁進してきた我が国が、その転機を迎えたのは1960年代であり、いわゆる環境問題の激化が手放しの発展を許さない状況に陥ったことによる。水俣病、イタイイタイ病、四日市喘息などの深刻かつ大規模な公害の数々が新聞の紙面をにぎわしていた。そして、公害と並ぶ大きな環境問題である自然破壊も急増しつつあった。そのため公害闘争と並行して自然保護運動と呼ばれる市民運動もピークを迎えようとしていた。

　1970～1973年の3年間は公害闘争、自然保護運動の頂点にあった時期といえる。このことは、我が国における真の意味での市民運動の確立を意味するものであると考えてよい。一方、この間1971年に環境庁が設置されたことは、我が国の環境行政がスタートした時期でもある。それに引き続き、各県などに自然保護課、環境保全課などの部局が設置された。1973年の原油価格の高騰（オイルショック）は、それまで順調に成長を続けた我が国の産業に大きな打撃を与えるものであり、同時に自然保護運動に対する一般市民の関心を失わせることになった。

④ 環境行政の進展と環境保全運動の胎動

　この時期に数多くの自然保護団体が消滅したが、生き残った団体は研究調査、市民の啓発活動など地道な運動を開始することとなった。それまでの「むしろ旗」的活動から、ようやく実

環境再生医　*49*

第Ⅱ編　自然環境再生の考え方と技術論

質的な活動に移行したということができる。一方、環境庁内の自然保護課などの行政組織が実質的な活動を開始していた。そして、長い間行政と対立関係にあった運動家との協力のもとに環境行政が進められるようになった。このように国、県などが環境保全団体、自然保護団体を認知したことによって、それらの団体、あるいはその活動内容に対する一般市民の態度にも変化が現れ、多くの市民が環境保全、自然保護などの活動に参加するようになった。変化はその後も急激に拡大し、自然保護は国民の常識といわれるような時代がはじまる。この傾向は1980年代に宣伝されるようになった「地球環境の危機」によっていっそう促進された。多くの環境保全に関する国際的な条約や取り決めがなされ、その大半が我が国でも批准された結果、国内法の改正もはじめられた。こうして環境問題は一般化とグローバル化の一途をたどり今日に至っている。

　現在、多くの市民団体が自然保護を含む環境保全活動に参加しつつあり、その内容もきわめて多様なものとなっている。1970年代には明確に区別された公害闘争と自然保護運動の間の区別も消滅し、一般に環境保全運動の名で呼ばれるようになった。

(2) 身近な自然環境の変化

① 身近な自然の重要性の認識

　1970年代の当初に開始された自然保護運動は、1990年代の末には一般に認知されることとなり、前衛的な運動としての役割を終えることとなった。1970年代における自然保護運動は、我が国における自然保護運動の原点をなす、戦後の尾瀬ヶ原の電源開発阻止運動の流れを汲むものであった。つまり、学術的に貴重な自然を手つかずの状態で維持しようとするものであって、それは原生的な環境であり、人里離れた地域に存在した。このような自然の尊さはいうまでもないが、そのことが社会に十分認識されるようになった1980年代になると、はたして保護すべき自然はそれだけであろうかという疑問が生じることとなった。戦後長い期間にわたって物質的満足を追い求めてきた人々が、この頃になって初めて、それまで目を向ける事のなかった身近な自然に対して意識する余裕を持つことができたのである。

　身近な自然は、人々の生活と直接関係のあるものとして、原生的自然に劣らぬ価値を持つものである。その大部分は伝統的農山漁村環境といってもよく、田畑とその周辺の小川や沼地、村落、里山などを構成要素とする、人間により作り出され維持管理されてきた典型的な二次的自然であった。そこに生存する生物のほとんどはいわゆる普通種であり、原生自然と異なり保護の対象にはなり得ないものと考えられていた。しかし、このような自然こそが、われわれ日本人にとって生活の一部であり、我が国の文化とも密接な関わりを持つものである。

② 身近な自然の変貌と多孔質性の喪失

　1990年までに、このような身近な自然環境は急速に変貌していった。1940年代の戦後に始まったDDTの使用に続いて、長年にわたり、殺虫剤、除草剤、化学肥料などが、過剰ともいえるほど使用され続けた結果、レーチェル・カールソンの「沈黙の春」は我が国でも進行しつ

つあった。

　野生生物のハビタットとして、農山漁村の生態系の豊かさを保障してきたその物理的構造のほとんどが、近代化とともに変化した。耕地の大部分を占める水田は、圃場整理により大面積化、方形化そして畦のコンクリート化などが一般化し、水田の水路の直線化やコンクリート化も急激に進められた。それらのことは、農業あるいは農山漁村を支援する上でやむを得ないことであったかもしれないが、生態系にとっては大きな打撃であった。河川のコンクリート化は治水の必要性からも、大河川を含むあらゆる河川で遂行された。

　一方、多くの農山漁村でその周辺の山腹や丘陵はスギ・ヒノキなどの植林で被われているが、1970年以降、輸入木材による国内林業の低迷により管理不在のまま放置されることになった。つまり、枝打ち、間伐などの停止である。このため林木の過密化、下草の喪失、土壌の流失などが一般化した。さらに、その多くが入会地に属し、薪炭林、緑肥採集地などとして管理・利用されてきた植林地以外の山林も、近年における燃料革命、化学肥料の普及などにより放置され、植林地と同様に過密化の状況におかれることになった。

③ ハビタットの消失と生物相の単純化・貧弱化

　以上に述べてきたような経緯をたどり、かつては身近に多く存在し、「普通種」とされてきた生物も減少し、「貴重種」となるという事実にやっと気づかされ、1990年代の身近な自然は貴重種の宝庫と化しつつあった。農山漁村の近代化は、景観を著しく変化させるものであったが、生物相の変化はさらに著しいものがあった。そしてそれは単純化、貧困化の方向であるといってよい。

　水田・水路の直線化、コンクリート化は従来の不規則な形態で、土の畦や護岸をもつ環境に共存してきた生物の必要とするハビタットを消滅させることによって、それらの生物を駆逐した。植林地における下草の消失はそれに依存する生物の消滅をもたらした。薪炭林においても同様なことが見られるが、東京以西の太平洋沿岸では植生の遷移が急速に進みシイ・カシ類など単純な林相への移行が観られる。東京以北の落葉広葉樹林帯では林床にネザサが繁茂することによって、下草の多様性の消失が進行している。

　村落の構造物の変化もまた、従来は人間と共存関係にあった多くの生物、とりわけ昆虫類を減少させた。自然材を用い手作り的に営まれた農村の家屋をはじめとするあらゆる構造物は、微細な孔や隙間を豊富に存在させることにより、それらの小動物にかくれがや営巣の場所を提供していた。しかし、それらが工業製品によって置き換えられたことにより失われたのである。

（3）身近な自然環境の保全と活動形態の変遷

① 自然環境の保全・復元運動の胎動

　1980年までに進行した、身近な自然環境の変化は概ねこのようなものであったが、我が国の都市や村落などで急速に進行したことから、多くの人々によって身近な自然の変化が意識され、多少なりとも自然に関心を持つ人々に危機感を抱かせることになった。とりわけ第2次世

界大戦後の高度成長期への突入の時代以前に生まれた人々の大部分は、その幼少期をまだ現状を保っていた身近な自然の中で過ごした経験を持つ人々であったが、彼らにとってその体験は生活・習慣の中で大きな位置を占めていた。1990年代にはそのような人々が年を経て子供や孫を持つ年齢に達していたわけであるが、現近の子供達が自らの幼少期に比べあまりに自然体験に乏しいことに危惧の念を抱き、自然復元あるいは再生と呼ばれる運動に向かい始めた。

② 自然環境保全・復元に関わる市民運動の普及

　1990年代は、身近な自然の復活・復元を目指す市民運動がいっせいにスタートを切った時期として記憶されるであろう。本協会「自然環境復元協会」が全国組織「自然環境復元研究会」として発足したのも1990年のことである。この頃までに明確な形を見せていた市民運動に、河川・湖沼の自然状態への復元を目指すいくつかの運動体があった。そして「水辺の復権」と「近自然河川工法」をスローガンに掲げる全国的な規模の集会も行われていた。

　水辺の復権運動の最大の成果として、1997年における河川法の改正がある。河川法は河川行政の最上位にある法律である。従来は行政の責任が治水と利水にのみおかれていたのに対して、新河川法では、河川の自然性を重視した工事を行うこと、地域住民の意向を反映した河川管理を行うことが盛り込まれた。

　1990年代に活発化した市民運動のもう一つの特徴として、「シンボル生物」の復活運動がある。かつて身近に見られた生物のなかで、とりわけ多くの人々によって記憶された特色ある生物を、失われた自然のシンボルとして復活を目指す運動で、シンボル生物としてはゲンジボタル、オオムラサキ、モリアオガエル、メダカ、アツモリソウなどを挙げることができる。これらの中で全国的な広がりを見せたのが、「ホタルの里造り」と呼ばれるゲンジボタルの復活運動である。また、シンボル生物群の復活を目指すものとして「トンボ池の復元」がある。できるだけ多くのトンボを発生させようとする場合には、個々の種の生活条件を考慮しての環境作りは困難であり、多様で複雑な自然環境そのものを目指す事になる。それはトンボ以外の生物にとっても有利な環境であることから、トンボ池の復元をひとつの契機として総合的な自然生態系の復元が目指されることになり、生態学者やナチュラリストの多くがこの運動に参加するようになった。

③ 里山管理

　同じく、1990年代に活発化した市民運動に「里山管理」がある。里山管理運動の「里山」は、この運動のために造られたともいわれるが、少なくとも、この運動を通じて一般化したことは確かである。「里山」という言葉は2010年の生物多様性条約COP10（愛知）の「SATOYAMA イニシアティブ」で世界中に広まることとなった。里山は、従来は村落周辺の丘陵地や山腹で「裏山」などと呼ばれていた場所で、古くは村の共同利用地である入会地とされ、多くは植林・薪炭林や採草地として利用されてきた。このような場所が、最近の都市の膨張により市街地と隣接するようになり、先述のように荒廃した状態におかれていたのである。

農民によって半ば見捨てられたこのような場所は、そこに新しく進出した市街地の住民にとっては身近な自然として意識されることになった。このような状況のもとに、市民が荒廃した山林を自らの手で復元しようという運動が始められ、「里山管理」運動と呼ばれるようになった。活動の内容は、間伐、枝打ちなど従来は農家が行ってきたことを市民の手で行い、公園として利用できるような場所とすることであるが、下草の選別をはかったり、ベンチやロッジを作ったりなど、旧来のそれとは異なる活動が加えられることもある。

④ 市民活動の定着化と行政施策面での後押し

　従来の自然保護運動と身近な自然環境保全・復元運動との相違点は、自然保護運動が対象としたのが原生的自然環境であるのに対し、保全・復元運動の主たる対象は身近な自然としての伝統的村落環境であることと、その保全のためには人間の手による維持管理を必要とすることであった。この運動は開始直後からさまざまなバリエーションを生むこととなった。すでに1990年代当初に開始されていた「水辺の復権」運動やホタルの里作りにつづいて、里山管理、ビオトープ作り、屋上緑化などが急速に展開した。

　このような市民運動の動向や、この頃、つぎつぎと行われた環境関係の国際条約の批准によって、国の省庁も同じ方向での施策を開始した。1993年に制定された環境基本法は、環境に関する最上位の基本法として自然環境の保全を謳ったものとなり、その下位の基本法として新たに生物多様性基本法が制定されることとなった。また、特に自然環境復元に関わりの深いものとして、1995年に設置され、2002年および2012年に改訂された「生物多様性国家戦略」が、時代を反映しつつ、自然環境の復元の意義を強調した。また、2002年に議員立法化された「自然再生推進法」は、自然復元運動に対してさらに具体的なバックアップを与えたものである。この法律による「自然再生」の表現によって、本協会でも従来用いてきた自然「復元」に加えて、「再生」の語も用いることとし、本協会による資格の名称を「環境再生医」としたのである。

(引用・参考文献)
• 南方熊楠（1912）：『神社合併反対意見』、日本及日本人社
• 鶴見和子（1981）：『南方熊楠』、講談社学術文庫

4. ビオトープ概論

(1) ビオトープの定義と国内での展開の経緯

ビオトープ（biotop）とは、「生物群集の生息空間」を表す言葉であり、もともとはドイツで生まれた概念である。ドイツ連邦自然保護局ではビオトープを「有機的に結びついた生物群であり、生物社会（一定の組み合わせの種によって構成される生物群集）の生息空間である」と位置付けている。

我が国では、自然が急速に破壊されてゆく中で、1990年代頃からドイツ等でのビオトープの考え方が受け入れられ、当初は比較的狭い場所にできるだけ多くの生物種の生活の条件を作り出すことを「ビオトープ」と称して、その言葉が広められるようになった。そして、学校の敷地内や開発事業等において、小規模な池などを造成し、池およびその周辺に多様な植物を植栽するようなパターンが定着した。

また、河川や一般の緑地・公園などでも従来の人工的な整備内容から自然性を加味した方向が目指されるようになった。規模においても、次第に広域的なものも作られるようになり、10haを超えるものもみられるようになった。河川においては、国土交通省が「多自然型川づくり」を推奨し、この方法によって作られた河川環境もビオトープの一つとして位置づけられた。

一方で、池の造成を主体にパターン化された比較的小規模なビオトープなどにおいて、管理者の交代や不在などにより管理が行き届かず、荒れ地と化す事例が増え、ビオトープ造成後の管理のあり方について問題視されるようになった。その後、幾多もの試行錯誤を経て、技術論的な維持管理方法や「順応的管理（アダプティブマネジメント）」の考え方の導入など、生物と人が共生できる方策が追求されてきた。

近年では「ビオトープ」の言葉も一般に浸透し、小中学校から大学に至る学校、NPOなどの活動団体、各種開発事業者、民間企業や土地所有者など、多様な主体がビオトープを作り、環境教育やCSR（企業の社会的責任）などの一環として、ビオトープを介した諸活動を行うようになってきた。また、小さな水槽内の閉じられた生態系も、「ミニビオトープ」などと称され、その考え方は一般家庭にも普及するようになってきている。

(2) ビオトープの考え方の基本

① 目的、動機付け

比較的大規模なビオトープでは、ビオトープがその地域のエコロジカルネットワーク（生態系ネットワーク：生物の生息・生育空間のつながりや適切な配置が確保された状態を意味する）の中に組み込まれるべき位置づけとなる。すなわち、エコロジカルネットワークのコア（核）やコリドー（回廊）に準ずるようにエコアップ（生態系の改善）する手法として、また、事業等によって失われる生態系回復の代償措置（ミティゲーション）として位置づけられる。また、学校ビオトープなどの施設は環境教育や体験学習の一貫として運用される。

② 考え方の基本

エコロジカルネットワークの中にビオトープを位置づけるための基本的な考え方は、「対象とする場における生物多様性を高めるための工夫をどのようにしたらよいか」、という問題を解決することであり、以下に示す原則を理解する必要がある。

1）良い自然はより広い面積を、より円形に近い形でかたまりとして残し、それらを緑道でつなげるのが最も効果的である[1]（図2-3）。

2）自然石による石垣、石積み、薪積み、竹筒の束、堆肥の山などの「多孔質環境」は、ビオトープ内での小動物等の種の多様性を向上させる[2]。「多孔質環境」は里山、水田、河川、池・沼、農家の家屋など巨視的な景観としても、生物多様性の観点から必須の条件である。

3）目標とする誘致生物は、絶滅危惧種などの貴重種や人に親しまれているような象徴種など特定の生物種等を指標とする場合と、特定の生息環境（たとえば人工池）を造成し、その環境に合った多様な生物を誘致しようとする場合など、さまざまである。

4）基本的に外来生物は持ち込まない。外来生物は繁殖力の高いものが多く、他の在来生物を駆逐し、生物多様性を劣化させるリスクを持っている。

5）ビオトープの維持管理方法に画一的な原則はないが、必ず行うべきことは、頻繁に生物の観察を行い、ビオトープ内での生物相や環境の変化を察知し、状況に応じて順応的にアクションを起こすことである。

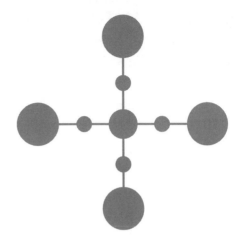

図2-3　生物生息の平面配置に関する原則の模式図[1]

（引用・参考文献）
1）財団法人日本生態系協会（1995）:『ビオトープネットワーク　都市・農村・自然の新秩序』、ぎょうせい、p.46
2）自然環境復元協会（杉山恵一監修）（2007）:『ビオトープ −復元と創造−』、信山社、p.22

第2章 農山村における自然環境再生

1. 山村（中山間地）の自然環境再生

（1）森林の多面的機能

日本は図2-4に示す通り、国土面積の66％が森林で、フィンランド（73％）、スウェーデン（69％）に次ぐ森林国である。森林は、さまざまな働きを通じて人の生活向上や経済の発展に寄与している。森林資源が有する多面的な機能の代表的なものを以下に示す。

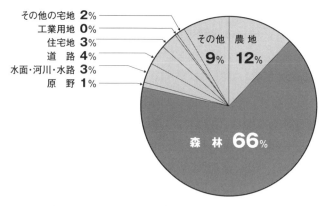

図2-4 我が国の土地利用の現況（単位：％）[1]をもとに作成

① 物質生産機能（木材、食料、工業原料、工芸材料）

木材や林産物などを主とする生物資源の供給を行う機能で、木材の収穫（伐採）後に植栽・保育などの森林整備を行うことで持続的な資源の供給を得ることができる。また農山村の重要な稼得機会となるきのこ生産や山菜の採取、薪炭材の供給などがある。

② 生物多様性保全機能（遺伝子保全、生物種保全、生態系保全）

多種多様な樹木や下層植生で構成されており、希少種を含む多様な生物の成育・生息場を提供する機能を有している。一般に二次林や人工林では、適切な管理を行うことにより生物多様性が増大する。

③ 地球環境保全機能（地球温暖化の緩和、CO_2吸収、化石燃料代替エネルギー、気候の安定）

森林は、光合成を行い成長することで、温室効果ガスであるCO_2を吸収し炭素を貯蔵して、地球温暖化の防止に貢献している。森林伐採後も木材が住宅や家具等に利用されれば

「第2の森林」としての役割も果たす。また化石燃料やエネルギーを多く使用して製造された資材の代わりに利用することで、CO_2の排出抑制にも貢献する。

④ 土砂災害防止・土壌保全機能（表面浸食防止、表層崩壊防止、雪崩防止、防風・防雪）

　健全な森林は、表土が下層植生や落葉落枝により覆われており、雨水等による土壌の浸食や流出を防いでいる。また樹木の根系が土砂や岩石を固定して、土砂の崩壊を防いでいる。

⑤ 水源涵養機能（洪水緩和、水資源貯留、水量調節、水質浄化）

　森林は、山間部に降った雨を貯留や浄化をしながら、徐々に河川を通じて下流へ供給することにより、洪水を緩和し、良質の水を安定的に供給する。

⑥ 快適環境形成機能（気候緩和、大気浄化、快適生活環境形成）

　健全な森林は、気温や湿度を適度なものとするほか、強風や飛砂および塩分、騒音、塵埃から住環境、農地、道路、鉄道などを守る機能を有している。

⑦ 保健・レクリエーション機能（療養、保養、行楽、スポーツ）

　森林は、健康の維持・増進やレクリエーション活動の場として市民の生活に潤いを与えており、地域の観光や経済の活性にも貢献している。

⑧ 文化的機能（景観・風致、巨樹・巨木林、学習・教育、芸術、宗教・祭礼、伝統文化、地域の多様性）

　森林は史跡や名勝と一体となって文化的価値のある景観や歴史的風致を構成し、文化財に必要な用材を供給し、伝統文化の維持や継承に欠かせない。また、近年においては、巨樹・巨木林の持つ学術的な価値はもとより文化的側面にも関心が集まっている。前述した保健・レクリエーション機能と同様に、この機能も地域の観光や経済の活性に大きく貢献している。

⑨ 原生自然保護機能（遺伝子保全、生物種保全、生態系保全、巨樹・巨木林保全）

　他の機能が人間の関与を求めるのに対してそれを最小限にすることが、この原生自然保護機能の前提になる。人間の干渉を受けない自然を保護するもので森林を構成する植物だけではなく、動物や土壌を含める。

（2）林業と森林環境再生施策との関わり

現在、我が国の森林は図2-5に示す通り、戦後に造林された人工林を中心に本格的な利用時期を迎えている。一方、我が国の経済社会と森林・林業を取り巻く情勢が変遷しており、森林に求められる機能と森林整備の課題も変わってきている。これら国内の豊富な森林資源を、持続的に機能を発揮させつつ循環利用することが重要な課題となっている。

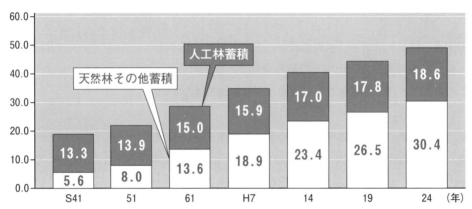

図2-5　我が国の森林蓄積の推移（単位：億㎥）2)をもとに作成
　　　注1：各年とも3月31日現在の数値。
　　　注2：H19とH24は、都道府県において収穫表の見直し等精度向上を図っているため、単純には比較できない。

① 人工林

日本の森林面積の約41％は人工林である。人工林は、木材生産を目的に造られており、主な樹種はスギとヒノキ（北海道ではカラマツ、エゾマツ、トドマツ）である。これらの実生苗やさし木苗が、苗畑にて数年間育苗された後に林地に植栽され、保育管理が継続されている。これらの多くは、戦後の拡大造林により育てられてきたものである。人工林が抱える問題は、木材価格の低迷により経営が成り立たなくなっていることに起因するものが大半である。

第一の問題点として、間伐の遅れがある。林家の間伐状況を図2-6に示す。経営が成り立っていた頃の間伐は、特用林産物と同様に貴重な副収入源となっていたが、今日の木材価格のも

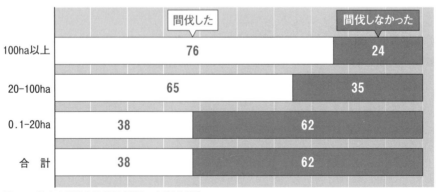

図2-6　林家の間伐実施状況（単位：%）3)をもとに作成
　　　注：過去5年間において間伐を実施した林家数と、間伐対象林があるにもかかわらず間伐を行わなかった林家数の構成比。

とでは逆に間伐が出費となっている。人工林は、2,500〜3,000本/haで苗木が植え付けられ、適正な密度管理を目的とした間伐が数回繰り返され、80〜100年後の主伐時には500本/ha程度になる。間伐が行われないと、材質が落ちるだけではなく森林の健全性も失われる。特にヒノキ林などの針葉樹林では、落葉・落枝が腐植する前に降雨等により流出し裸地化するため、土壌形成が行われず、水源涵養機能、土砂崩壊・流出防備機能などが果たせなくなってしまう。

第二の問題点は林業の労働問題として表れる。今日の林業労働者は45〜69歳が主流を占めている。これまでも10年間で半減するペースで林業就業者は減少してきたが、今後も主流を占めている人々が退職するにつれて、林業就業者数は減少していくことが予測される。

こうした現状から、人工林では本来なされるべき管理が遅れ、図2-7に示す通り収穫後の再造林がなされないまま放置されており、「新・生物多様性国家戦略」において指摘されている「第2の危機：人の関与がなされないことによる環境の悪化」が生じており、生物多様性に配慮した間伐の推進が求められている。

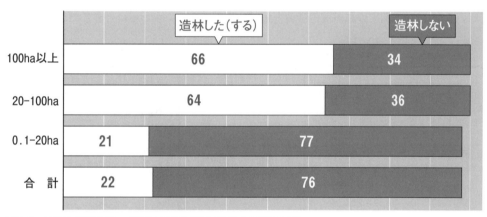

図2-7　林家の伐採跡地への植林の実施状況（単位:%）3)をもとに作成

② 天然林

人工林でない森林（立木地）は天然林と呼ばれ、日本の森林面積の54％を占める。なお、森林科学分野では、天然林という言葉が人の手の入らない森林のイメージをもつため、天然林施業により保全・管理されている森林を「天然生林」という。

日本の天然林として典型的なものは薪炭林であり、1960年頃まで日本の木材需要の1/3は薪炭であった。薪炭利用が盛んに行われても、温暖で湿潤な我が国の環境下では、種子や切株からの萌芽により次世代の樹木が育っていく（天然更新）。そうした森林利用がなされてきた日本において、人手の入っていない厳密な意味での原生林はほとんど無いといってよい。しかし、今日の天然林では、人手が入らなくなったため、荒廃を招いている。

かつて、集落の近くの森林である「里山」は、薪炭利用などの農用林として人が利用することで、下草が刈られ、蔓が切られ整えられたが、現在では荒廃した森林が増えている。また、切株からの萌芽により再生されてきた旧薪炭林も、樹齢が高くなると萌芽力が衰えてくる。

こうした森林の現状に対しては、次のような対策が求められる。以前より人為的関与が比較的小さく、より奥山に位置するミズナラやシイ・カシ萌芽林は、自然の遷移に委ねることが望ましい。これに対し、薪炭林として人為的関与を強く受けてきたコナラ林やアカマツ林では、放置されるとカタクリ、イチリンソウなどの林床植物の消失や、タケ・ササ類の進入をまねくなど、生物多様性を低下させるおそれが強い。こうした森林では、住民、行政、NPOなどの協働により、適切な維持管理を行っていくことが望まれる。

③ 森林環境再生の施策

森林環境に対する政府の政策をみると、高度成長期における木材生産第一義の施策から、公益的機能を重視する政策に転じたのは1974年の森林法改正からである。しかし森林の4つの機能（木材生産、水源かん養、山地災害防止、保健保全）に関して浸透してきたのは、2001年に行われた「林業基本法（1964年制定）」の改正により「森林・林業基本法」となった時点であり、その比較を図2-8に示す。森林分野では、木材生産機能を含めて、多面的機能という用語を用いるが、政策も明らかに多面的機能を前面に出したものに変わったと評価できる。

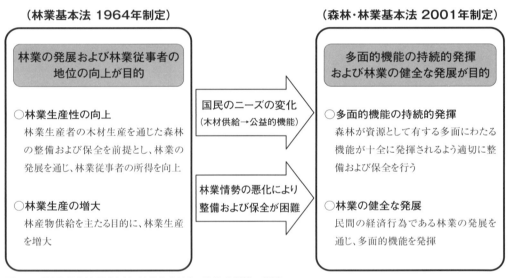

図2-8 「林業基本法」と「森林・林業基本法」の比較 4)より抜粋・一部改変

（3）山村における自然環境再生の取り組み上の留意点と具体的な方法

近年、市民が参加する里山の整備に関心が集まっているが、森林の存在する位置による植生の差異、所有形態の差異、管理・経営の目的などによって、森林機能の維持・増進または、荒廃・劣化した森林を再生する技術も異なる。里山再生計画のなかで、しばしば人工造林された山林を広葉樹林に転換する計画を耳にするが、保水機能や生態系の維持機能などいずれの機能においても両者間に大差があるとする明確な根拠はないので、現在形成されている森林土壌を後退させるような急激な林種転換は行うべきではない。また里山の環境再生は人間の立場からだけではなく、生物多様性の保全に配慮した計画とする必要がある。

里山再生技術としては、一般の造林技術と重なる部分が多い。項目を列挙すると、「植栽」、「下刈り」、「除伐（受光伐）」、「枝打ち」、「間伐」などである。「植栽」はその地の気候や土壌に合った樹種を選び（適地適木）、乾燥期や極寒期を避けて適期に植えなくてはならない。周辺の地拵え（じごしらえ）も丁寧にしておく必要がある。植えた木は、そのままでは雑草や雑木類に被圧される。その除去を行う作業が「下刈り」である。植栽木が自立するまでの数年間は、毎年1〜3回この作業を続ける。下刈り期間が過ぎて数年経つと、植栽木の生長で下枝が混み合ってくる。また侵入した雑木も植栽木の生育を妨げる。それを取り除く作業を「除伐」と呼んでいる。この段階で衰弱木や形状の悪い木も除去する。なお、除伐した木は、ただ切り捨てておくのではなく、林床から浮かないように、できるだけ樹幹と枝を切り離して細分し、地面に接触するように置くと、早く分解し土壌形成に役立つ。急峻な地形の場合には、等高線に並行方向に樹幹や枝を置き、土壌流出を防ぐ配慮も必要である。「間伐」については、植栽後15〜20年で、森林内の混み具合をみて第1回目の間伐を行う。以後は成林するまで生育状況を見ながら10年前後に数回行う。その方法は、施業や整備の目的に合致した木を残す（定性間伐）ことが原則である。間伐材は搬出する必要があるが、林内に切り置く場合は、除伐と同様の配慮が必要である。

(4) 森林災害に対する復元技術

　国内における森林災害に対しては、病害虫獣や森林火災などの被害に対する復元は「造林」、山地の土砂崩壊や地滑り被害に対する復元は「治山」の技術で応用される。治山の技術には、山地治山、防災林造成、地滑り対策があり、山地治山は「復旧治山」と「予防治山」に大別される。山地治山工事は、治山ダム・護岸・水制・流路などもっぱら設置整備を行う渓間工と、崩壊した斜面の緑を復元する山腹緑化工、斜面の落石を防止する落石防止工がある。山腹緑化・落石防止工は設備整備に加え、植生を導入する実播・植栽あるいは森林造成があり、自然回復への高度な検討と技術が要求される。

　なお、2011年3月11日に発生した「東日本大震災」では、地震や津波により林地荒廃、治山施設の被害、林道被害、火災など、青森県から高知県までの15県におよぶ森林に甚大な被害が発生した。また東京電力福島第一原子力発電所の事故により、広範囲の森林が放射性物質に汚染された。復興に向けて2011年7月に策定された「東日本大震災からの復興の基本方針」に基づき、震災からの復旧と海岸防災林の再生など将来を見据えた復興が推し進められている。

　森林の除染については、環境省により2011年12月に策定された「除染関係ガイドライン」に、居住者の生活環境における放射線量を低減させるために林縁から20m程度の範囲を目安に効果的な範囲で落葉等の堆積有機物の除去を行うことが示された。その後2012年9月の「今後の森林除染の在り方に関する当面の整理について」を経て、2013年8月に「森林における今後の方向性」が公表された。ここには、これまでに明らかになった知見を踏まえたうえで、「今後の森林除染の在り方に関する当面の整理について」に示されたエリア毎に、今後の森林除染の方向性が示されている。

(引用・参考文献)
1）国土交通省（2014）:平成26年版土地白書
2）林業学習館:「増え続ける森林蓄積」、2015.6.12 参照
    <http://www.shinrin-ringyou.com/forest_japan/menseki_tikuseki.php>
3）農林水産省（1997）:「山林保有者の林業生産活動に関するアンケート」、2015.6.12 参照、
    <http://www.rinya.maff.go.jp/puresu/h14-3gatu/ondanka/s-03.htm>
4）林野庁（2014）:平成26年版森林林業白書
- 熊崎実（1977）:『森林の利用と環境保全』、日本林業技術協会、p.202
- 自然環境共生技術フォーラム（2003）:「自然再生事業可能性箇所調査の結果について」
- 自然環境共生技術フォーラム（2004）:「各省庁における自然再生の政策について」
- 杉山惠一・中川昭一郎（2004）:『農村自然環境の保全・復元』、朝倉書店、p.101
- 堺正紘（2003）:『森林資源管理の社会化』、九州大学出版会、p.372
- 林野庁編（2014）:『平成26年版林業白書』、全国林業改良普及協会、pp.32ff

2. 農村の自然環境再生

(1) 里　山

① 里山とは

　新・生物多様性国家戦略では、里山と村落、農地を含めた里地里山における二次自然の持つ、生物多様性の重要性が指摘されている。1960年代前半、森林生態学者の四手井綱英が、「村里に近い山と言う意味・・・林学でよく用いる『農用林』を『里山』と呼ぼうと提案した。」のが最初である。農村空間の中には里山の山以外に、水田、畑、水路、集落のたたずまい等があり、これらの空間も生物多様性の場や棲み分けの場（ニッチ）となっている。

　農村地域の土地利用構成は江戸時代にほぼ完成されている。「サト」を中心として、その前面に「ノ」、「ハラ」の構成、サトの裏には「サトヤマ」、「オクヤマ」の秩序構成がある。奥山（深山）からの水系が里の農業的な利用や生活的に利用されていく。この土地利用における連続性は、農村集落のもっている土地利用の秩序性であり、その秩序性が農村集落の景観的な美しさを形成してきている。里山から里に至る水系による連続的な自然・農林的生態系の育成と活用を図ること、人間の一定の手の入った里山や水辺環境の維持形成が、魅力的な田園景観の形成や、都市住民が何度でも訪れたい田園景観の維持につながる。

　しかし、里山は有史以来、人間の活動（燃料、木材利用等）で禿げ山となり荒廃化が進み、江戸期には再生保全のために「留山」制度で極刑も含めて厳しく管理されてきた。明治期〜昭和30年代までも同様に里山への需要は緊迫化し、里山の持続的管理と利用は課題であったが、燃料革命、化学農薬の普及で放置された里山も増加し、今日に至る。バイオマス量の増えた里山の再生と活用が今日的課題となっている。

② 定住革命と「里山」

　人類史的に見ると、里山は、日本人の定住社会の構築と不可分である。自然人類学者の西田正規の定住革命と「里山」の関係を以下に述べる。「人類は、今からおよそ一万年前頃、・・・遊動生活を捨てて定住生活を始めた。・・・人間が定住すれば、村の周囲の環境は

人間の影響を長期にわたって受け続けることになる。・・・縄文時代の村には、こうして生じた二次植生中に、彼らの主要な食料であったクリやクルミがはえていた。・・・人間の影響下に生長してきた植物を、人間が利用するのである。生態学的な表現をすれば、これは明らかに共生関係であり、人文学的にいえば、栽培や農耕にほかならない。」[1]。

　人間の定期的な自然への錯乱という管理・利用行為が実施されることで、そこの自然は人間との関係性の上で生きていく自然となり、「人為的自然生態系」とでもいうべき自然である。あるいは、「農林業生物」という言い方もある。人間が下草を刈り、枝を落として、春の明るい里山を維持し続けることで、そこにはカタクリのような植物が生き続けることができる。あるいは、水田のために里山に貯められたため池には、トンボが棲息し、水生植物が繁茂する。これも、人間が、身近な自然に対する働きかけをしてきた結果である。

　縄文の時代の山内丸山遺跡の集落周辺では、大規模な栗栽培林の存在が環境考古学の実証的研究から指摘されている。縄文の人々が集落の周囲の食べられる有用な森を意識的に造っていた。また、近年の山野井徹の研究成果では、火山灰が起源と言われた縄文時代の数mの厚さになる黒ぼく土は、5千年以上にわたる縄文人の山焼きによるワラビ等の野草生産とその炭化により形成された人工的黒土である[2]という。縄文文化が後世の人間にとって貴重な「農土」を創造してきた。縄文人は意識的に自然を創造してきた、ともいえる。そして、里山と黒ぼく土は水田稲作の弥生に引き継がれ今日に至るという壮大なドラマがある。里山は縄文と弥生の融合した空間としての歴史文化的な価値をもつ。

(2) エコロジカルデザイン

① 熊沢蕃山の「ヒエを蒔け」論

　有名な江戸期のエコロジストとしての熊沢蕃山においても、裸山を森にするために、「ヒエを蒔け」といった。［ヒエ→鳥→糞→木の成長→森の成長］というシステムである。熊沢の場合は、蒔いたヒエの上に枯草をかぶせておいて、鳥の滞在期間を長くしておいて、その間に鳥が糞をするようにするということまでいっている。自然循環的システムを利用して、人工的でなく、生態的に環境を形成していく技術が日本において構築されてきた。

② ギャップダイナミックスと里山

　ランドスケープエコロジーの極相論にギャップダイナミックス論がある。遷移による極相状態が安定的にあることが自然の状態ではなく、多様なギャップの時間的ズレと場所的ズレにより、遷移の多段階の相が併存する状況が自然の状態そのものである。これは草原〜農地〜森林コンプレックスともいえる。里山は、人間が自然遷移に準拠しながらギャップを自然に対して起こしている状況である。

（3）農村における自然環境再生デザイン

① 地球環境時代の風土の総合デザイン

　人間は生きていくために、周囲の環境に対してデザインする。デザインとは、「ものを的確に配置し、無駄なエネルギーを使わず、自然の力を活用してシステムを可動させること」である。総合デザインは、エコシステムに準拠し、協調し、人間が生活する上で必要なものを生産し快適な環境を整えるための方法である。

　日本の農村空間は山、川に代表される自然環境、農林業生産環境および伝統的な集落居住地からなる。これらの環境要素が地域固有のつながりを持つことによって、農村空間の全体像が構成され、相互関係を保ちながら歴史的に持続して存在し、地域固有の美しい農村景観、すなわち「風土景観」を構築してきた。「風土景観」とは、「大気と大地の境界に人間がつくり出した姿」ともいえる。その風土景観は地域固有の「風土の作法」によって維持されてきた。しかし、近代化の過程でこの作法は一部壊れ、その担い手は減少し、荒れる風土景観が増加していることは嘆かわしい。再度、風土固有の作法の見直しと、総合デザインによる農村空間の再構築が求められている。

　風土の作法として主要なものを、集落景観の視点から以下に列挙する。

1）オモテとウラ

　太陽光が当たる面がオモテであり、オモテにおける太陽のエネルギーの上手な活用

2）奥ゆき性

　集落の奥にあり、聖的空間が維持され、保全の核となる神社とその社寺林

3）縁（エッジ）の曖昧性と明確性

　オモテでは畑・水田が拓かれ、ウラでは樹林・里山が背景を形成し、その境界部である「縁」の曖昧性と明確性を兼ね備えた多様性

4）水網性

　集落のなかを網の目のように巡らされた水系

5）均質的集住性

　「街道沿いの各戸の屋敷林－母屋－屋敷林－畑－平地林」の構成要素の線的・面的な連続性

6）分散的完結性

　散居集落に見られるように屋敷林に囲まれた個々の農家屋敷が分散しているが、水路、農道で計画的に連結した状態

7）共同的集約的景観維持

　農道、水路、里山、共有林（入会林）等の集落共同体での管理による田園景観の維持

8）ヒューマン・ビオトープ

　水田や屋敷等の中にあり、人間の生活と生産によって支えられている水・植物・動物・島の自然環境

風土の作法を再認識した上で、生態学的智、工学的智、農林漁業的智、社会文化的智が求められる。これらの智にさらに伝統智を組み込んだ総合智を基礎にして、新たな農村社会のニーズや地球的環境課題に対応した総合的デザインを構築し、再生行動をとることが求められている。

② 里山の放射能汚染と100年スパンでの再生へ

残念なことに、原発事故により膨大な放射能汚染が里山（**図2-9**）を襲っている。ここでは、放射能汚染による被害を受ける以前よりエコロジカルな村づくり提案が行われてきた福島県飯舘村の事例について紹介する。震災前は、きのこ等の山菜、蜂蜜、わき水等里山からの恵みで豊かな里山暮らしをしていた村民達は、放射能汚染でその暮らしを奪われた。汚染された里山の除染は厳しいと判断され、村外に新しい里山暮らしが再生できる小さな新しい村の提案がされたが、実現はしていない。村内では除染が進められているが、除染後においても、里山全域で見ると、汚染が継続している場所が確認されている。特に里山の樹木と土壌への汚染は深刻であり、半減期30年の放射性セシウム137の汚染の克服は簡単ではない。一方で、極度な表土剥ぎと伐採は山崩れの危険性を含み、里山環境そのものが崩壊する恐れがある。

「山は百年の計」ともいわれるように、後世に付託し、100年スパンでの里山再生、里山暮らしの再生のデザインとその行動を起こす必要があると考える。

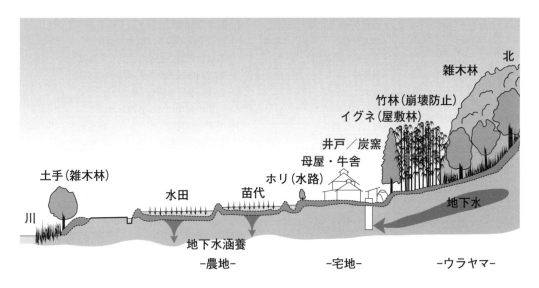

図2-9　飯舘村の里山暮らしの断面図[3)]

③ 農村空間デザインのパラダイム転換

　近年まで、農村計画・整備は経済合理性に基づいた食料増産を目的とし、そのための「農業・農村の近代化」という名目で進められてきた。しかし、地球環境時代の今、新たなパラダイムシフト（考え方や価値観の劇的な変化）が求められ、近年では農村の多面的機能を評価した総合デザインへの転換が進みつつある。農村空間デザインのパラダイムシフトを**表2-3**に示し、パラダイムシフトの主な傾向の概要について述べる。

表2-3　農村空間の総合デザインのためのパラダイムシフト

カテゴリー	近代合理性（経済成長路線）	環境・総合デザイン
農村の一般的なとらえ方	• 食料生産空間 • 都市に比べての後進性 • 封建性 • 時代的遅れ • 保守性 • 非衛生	• 多面的な機能空間（生物資源空間、生物生息空間、国土保全空間） • 再生可能エネルギー等の先進性 • 農村固有の豊かさの評価 • 伝統性、伝統智、伝統的文化・行事の再評価 • 芸術性、景観美 • 自然との触れあい、国民のためのアメニティ空間
計画・デザインの目標	• 生産合理性（生産の効率化） • 農業生産単一機能の重視 • 大型・機械化農業振興 • 生活の近代化 • 都市化（都市に追いつく） • 空間整備の均一化、標準化 • 空間利用の純化 • 利便性・安全性・衛生性の強調 • 機能性の重視 • 管理のしやすさ、合理性 • 農村の完結性	• 自然環境と調和した生産環境 • エコロジカルデザイン • 空間の多面的な機能の維持や創造 • 生活の個性化・地域固有化の尊重 • 温暖化対策 • 農村文化の蘇生、保全、再創造 • 多様な要素の的確な混在化と連携 • 総合的な快適性（アメニティ）の重視 • 景観保全と景観づくり • 住民の参加による協働管理 • 都市との交流・つながり、バイオリージョン的なつながり重視
実施・整備手法	• 機械的 • 工学的・人工的改変 • 線形的な形 • 擬似自然 • トップダウン • 短期達成型	• 生物的、生態的、有機的 • 生態系重視で自然融和型（エコロジカルテクニック） • 生きものとの共生環境づくり、循環型・円環型 • 自然の再生、自然素材の活用 • 住民参画（ボトムアップ）、多様な主体、ステークホルダーの参画型 • 長期達成型、シナリオ型

　1）環境調和型へ

　　　従来の自然征服型の近代合理主義的対応から、「人類も自然の一部である」という自然との関係性への再構築である

　2）多様な生物資源空間、国土保全空間へ

　　　農村は農業生産物を生産する空間だけでなく、多様な生物資源のある空間であり、その多様性を保持することが必要である

3）持続可能な農業へ

持続可能な生態系を重視し、野生の動植物とも共生した「生態系農業」への転換である

4）農村の固有性を活かした真に豊かな農村へ

近代的で多消費型都市の水準に合わせるのではなく、農村固有の生活環境を形成し、農村の真の豊かさを創造する

5）循環的・自然融和型環境創造へ

農村の生態系の循環性に着目した生態系保全技術の適用が求められている

6）開放型農村による活性化

農村を訪れる都市民の農業体験、自然とのふれあい体験、農村文化やエコライフの体験など、各種の体験により学ぶ空間として、農村空間の価値を高める。グリーンツーリズムやエコミュージアムのような、農村固有の自然や農業、および歴史文化を組み込んだ複合的な都市と農村との交流が農村活性化にもつながる

7）ボトムアップ型主体の育成

地域住民が参画するボトムアップ的な手法を採用し、デザイン・整備・管理の持続的な仕組みづくりと主体形成が重要となっている

（4）鳥獣被害と緊張的な共生関係の再構築

里山には鳥獣被害問題がある。神奈川県丹沢大山地域での「丹沢大山総合調査」では、地域再生テーマを「自然とひとが無事に生きつづけられる」とし、人と自然の両サイドに立った再生の展望が検討された（図2-10）。それは、ブナ、スギ、ヒノキ、シカ、サル、土、水など個々の自然と、その自然を利用し続けることで生きる人間の立場の両方に立って、その持続性を考えるものである。また、それは、山際、里山の再価値化を図り、人の積極的な里山、山際の保全的活用により、野生動物と人との間に緊張的共生関係を再構築するものでもある。大切なことは、人間の歴史的・文化的価値の上に形成された二次自然を、里山での人間と自然の緊張関係を保ちながらどのように再生するかを再認識することであり、その考え方に基づいた再生の担い手を育成することである。

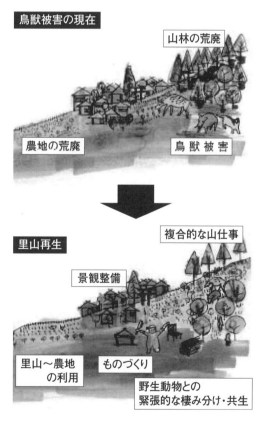

図2-10 里山の再生イメージ[4]

(5) パーマカルチャーデザイン

　総合デザインの手法の一つとしてパーマカルチャー（以下「PC」）がある。この言葉はパーマネント（永続性）とアグリカルチャー（農業）、カルチャー（文化）の合成語であり、身近な場での永続的な農を基礎として、自然と共生した生活空間を持続的に創造する手法を意味する。PCはモノカルチャー的な農業生産システムによって自然を征服するものではなく、エコシステムから学び、多様性、連関性、循環性のシステムを作り上げ、「食べられる森」を身近な生活環境の中に構築するデザイン論である。多様なものが有機的につながり、的確に混在して配置され、全体として統合された生産的なシステムとしてデザインされることを目指すものである。

　PCはデザイン原理として下記がある[5]。

① 循環サイクルの構築のための連関性の確保

　　つながりの強い要素を近くに配置することでエネルギー等の無駄をなくす

② 一つの要素内における多機能性の確保

③ 重要な機能は多くの構成要素によって支えられること

　　水や食糧等の生きるために重要な要素は複数の方法で確保しておく

④ 効率的な土地利用計画

　　人の労働頻度を考慮した菜園や畜舎の配置、および風や水の流れと自然エネルギーの流れ（太陽エネルギーを効率的に使うなど）をうまく利用する

⑤ 生物資源の活用

　　食糧、燃料、肥料、防風等における動植物の利用

⑥ 地域内での物、エネルギー、情報の循環

⑦ 地域の素材を利用し、地域で自主管理できる適正な技術の開発

⑧ 自然遷移の活用

　　自然の遷移の中で植物を育て、食糧を収穫する。一年生種と多年生種、先駆種と極相種の混在したシステム

⑨ エッジ（縁）を最大限化する

　　海岸、山裾、池や河川の水際等のエッジは、エネルギーが集まり、多様性があり、生産性が高い場所となる

デザインする前に、デザイン対象となる自然の特性を観察するプロセスを重視する。そうすることにより、個々の自然の持つ特性をデザインの中に無駄なく取り込むことができる。

(引用・参考文献)
1 ）西田正規（2007）:『人類史のなかの定住革命』、講談社
2 ）山野井徹（2015）:『日本の土：地質学が明かす黒土と縄文文化』、築地書館
3 ）糸長浩司・浦上健司・關正貴作図（2002）:『地球環境建築のすすめ』、彰国社
4 ）竹内奈穂作図(日本大学生物資源科学部)(2006):『平成17年度自然公園等施設整備委託地域再生調査報告書』
5 ）ビルモリソン他（1993）:『パーマカルチャー』、農山漁村文化協会

3. 農山村におけるバイオマスの利活用

　日本の農山村におけるバイオマスは増大している。かつては、里山、水田、農家屋敷周囲のバイオマスを生産、生活の資源として徹底的に利用していた。住宅用の木材、燃料としての薪や炭生産、土作りのための落ち葉活用、家畜の餌としての土手の草利用、稲や野菜の生産等である。日本はモンスーン気候に属するため、適当な日照と降雨に恵まれ、植物の生長は促進され、それを糧とする動物層も豊富であり、それらの身近なバイオマスの利活用の歴史は古い。しかし、近代農業、石油等の化石エネルギーの利用等が進み、身近な里山、農地からのバイオマスの活用は減少してきた。その結果、使用されないままに放置されているバイオマスが増大してきている。改めて、持続可能で自立循環的な農村社会の構築のためにも、これらのバイオマスの活用策が求められている。

　バイオマスとは、植物、動物等の生物体の総体であり、特に、人間の生活、生産のための生物的資源として位置づけられる。原生自然のような人間の関与がほとんどない自然資源をバイオマスとして活用することは難しくなってきており、基本的には二次的自然として人間が関与して維持してきた農林地からのバイオマスの利用が重要となる。以下、本節では近年バイオマス利用での主要なテーマであるバイオマスエネルギーのあり方について主に述べる。

　なお、バイオマス利活用は、「地産地消」、「カスケード的利用」であることが原則となる。バイオマスの「カスケード的利用」とは、滝のようにバイオマス資源をその特性に合わせて、エネルギー的利用も含めて段階的に利用するシステムをいう。たとえば、樹木を建築材、土木材として活用し、製材過程で排出する木くずを燃料として使用し、さらに樹木を粉砕し一部はシイタケ栽培の菌床として利用し、残りはチップやペレット化してバイオマス燃料として利用する。あるいは、製材所で木材乾燥のために木くずにより発生させた熱の一部を地域暖房システムの熱として活用する等である。さらに、燃焼灰を森林に戻し、森林育成に活用するゼロエミッション的循環システムの構築も重要である。ただ残念なことに、2011年の東京電力福島第一原発事故による農林地での放射性セシウムの汚染は深刻である。特に、セシウム137は半減期が30年であり、今後、長期的に農林地での放射能汚染が続くことを考慮し、放射性物質の含有に配慮した慎重なバイオマス利用が求められている。

（1）農山村資源を活用した多様なバイオマスエネルギー

　地球温暖化が深刻になる中，農山村も「持続可能性」がキーワードであり、生活と生産に不可欠なエネルギーの地産地消戦略が求められる。化石燃料への依存を下げ、甚大な被害と長期的汚染を伴う原発に依存しない再生可能エネルギーによる地域戦略である。地形や土地利用が多様な農村地域にある豊かな地域バイオマス資源の持続的管理と多面的利用こそが、地域の環境保全，エネルギーの安全保障，地域経済の再生に寄与し，地域の自立性や持続性を高め，地球環境問題への地域的責務を果たすと考える。先進的な自治体では，地域資源の賦存状況を踏まえ，環境と経済の両立に寄与するエネルギー施策に着手している。

　バイオマスエネルギーはその生物体をエネルギー源とする。光合成により太陽エネルギーが変換された植物体（生産者）、それを消費する動物（消費者）、そしてそれらの生物体を分解する微生物（分解者）からなる生態系を活用した持続可能なエネルギー生産システムがバイオマスエネルギーシステムである。バイオマスエネルギーには、嫌気性菌により分解生産されたメタンガス、薪・チップ・ペレット等の直接燃焼用バイオマス、油脂性植物から抽出したバイオディーゼル、デンプンを糖化・アルコール発酵化させたバイオエタノール等がある。そのエネルギー源により熱と電気が生産される。エネルギー戦略として電気が注目されるが、カスケード的利用のより上流にある熱供給も重要である。熱水供給が必要なときに、電気による発熱での熱水供給か、直接燃焼による熱水供給か、そのどちらがエネルギー効率がよいかを考える必要がある。図2-11に種々のバイオマスによるエネルギー利用形態を示すが、これらの中か

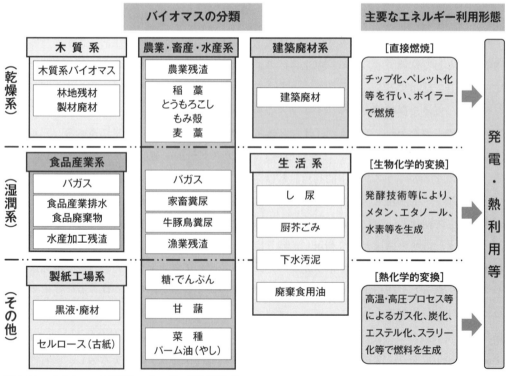

図2-11　バイオマスの分類とエネルギー利用形態 [1]

ら地域の特性に合致した適切で省エネ型のエネルギー供給システムを設定し活用する必要がある。

図2-12はスウェーデンのベクショー市における、メタンガスエネルギー化システムによる廃棄物系バイオマスの有効活用に関するシステム図である。都市生活から出る有機性廃棄物や農村部の畜産業から廃棄される糞尿等の有機性廃棄物を収集し、メタンガス発酵プラントでメタンガス化し精製して、自動車のガスエネルギーや発電エネルギーとして活用する。メタンガスで発生した液肥は農地への有機肥料として活用するという

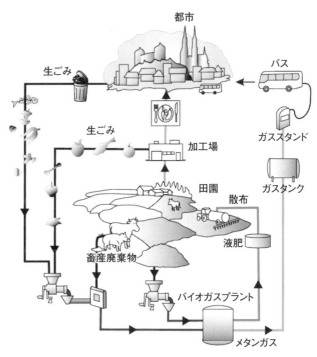

図2-12 スウェーデンでのバイオマスのメタンガス化システム[2]

循環システムである。都市と近郊農村のエネルギー化を介したバイオマスの循環システムの構築である。

(2) 地産地消・カスケード的利活用によるバイオマスエネルギー化の方策例
① 木質ペレット生産等による利活用

　山形県飯豊町は住民参画型の村づくりを進めており、2000年には森林バイオマスをペレットにして利用するエネルギー地産地消戦略を開始した。村の南部の中津川財産区にある森林資源の有効活用による、「環境と経済の好循環まちづくり」の一環である。環境省事業を活用し、図2-13および写真2-1に示すように、2004年度からペレットストーブモニター制度、リース制

図2-13 木質ペレット生産を介したエネルギーの地産地消戦略（作図 浦上健司）[3]

写真2-1 町内に建設したNPOによるエコモデル住宅

度、エコモデル住宅建設により町民への普及活動を行い、中津川に地元住民出資によるペレット製造会社を設立し、きのこの菌床用のオガ粉の生産販売とペレットの生産販売を始めた。このプロジェクトが可能となった背景には、昭和40年代後半からのダム建設とダム上流域での都市農村交流戦略、「最上川源流の森」の誘致等の住民主体の村づくりがある。共有財産である財産区の山の木質資源を有効活用し、地域ぐるみで多面的な課題を解決する戦略の一つとして、ペレット戦略が推進されている。

② 地域エネルギー供給

オーストリアは欧州で木質バイオマスによる地域エネルギー戦略の先進国である。ウィンドハングでは、製材所、林業家が参加した地域エネルギー共同組合により、図2-14に示すような木材、チップ、オガ粉等のカスケード的活用による地域エネルギー戦略を進めている。組合員は交替で地域暖房のための木質チップを供給している。住宅密度の高い集落においてコミュニティ熱供給システムが稼働している。このような小規模な近距離熱配給は、オーストリアの農村地域で普及している。近距離熱配給は供給契約数が少なく合意形成が容易で、かつ安定的な供給先が確保しやすいメリットがある。小さいシステムのため、供給側はプラント運転が容易でコンピュータでの管理も必要ない。さらにまとまった熱需要がある公共施設を接続することで、地域暖房の運営が支えられている。

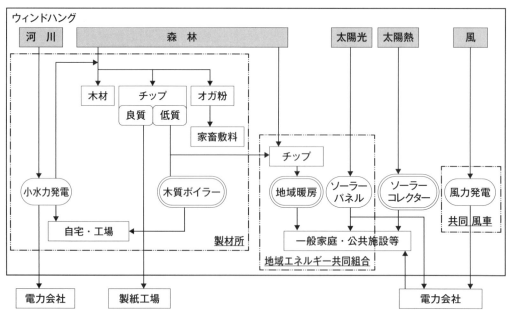

図2-14 ウィンドハングの木質バイオマスエネルギーを中心とした地域再生可能エネルギー自給自足システム[4]

日本でもこのような木質バイオマスを活用した地域暖房システムの構築が急がれる。比較的居住密度の高い町や農村集落で、周囲の山間地域にある森林資源を活用した地域熱供給システムの確立の可能性は高い。また、同時に発電システムを併用したコージェネ型の地域エネルギー供給システムへの発展が期待できる。

日本の先進地の北海道下川町は、町内のバイオマスを活用した森林総合産業、およびエネルギー完全自給と近隣市町村へのエネルギー供給をめざした「森林未来都市」構想を現実化しつつある（図2-15）。高齢化の進む「一の橋」地区では、コレクティブハウスを建設し、社会コミュニティの再構築、高齢者と若者による食料自給や新産業創造に取り組みながら、同時に、再生可能エネルギーによる地域熱電供給システムを構築するという先進的な取り組みが始まっている。

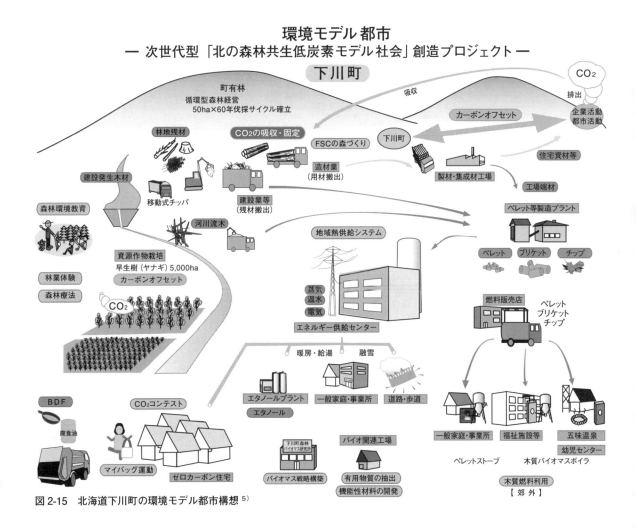

図2-15　北海道下川町の環境モデル都市構想[5]

（3）里山エコビレッジの提案

　里山のバイオマス資源を活用し、持続可能で自給自足性の高い「里山エコビレッジ」を提案する（図2-16～2-17）。自然とともに協働的な暮らしを実現する場づくりを行う、エコビレッジ運動が世界的に展開されている。住居、仕事、余暇、社会的生活、自然との触れ合い等の人間の基本的な要求は、できるだけエコビレッジで充足される。エコビレッジの内外には豊かな自然環境が存在し、食料となるような生物資源の生産を行うと同時に、有機廃棄物は適切にエコサイクルシステムの中で処理され、リサイクルされる。建築は環境負荷の少ない建材を使用し、供給されるエネルギーの源は太陽光や風車、および木質系や農畜産系・生活系バイオマス等の活用による再生可能エネルギー資源である。

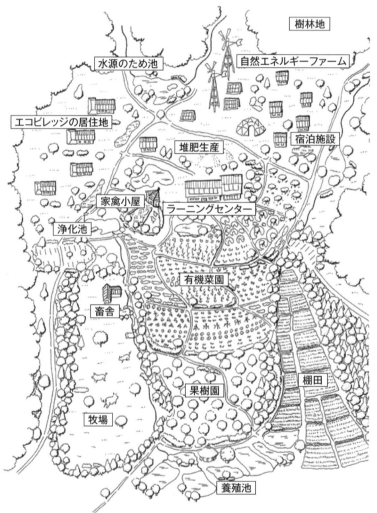

図2-16　「学びの里山エコビレッジ」イメージ図[6]

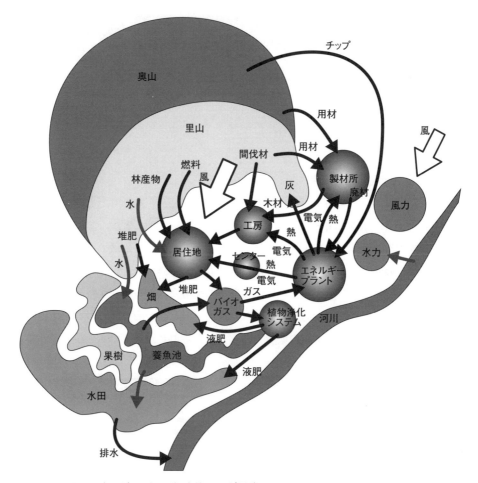

図2-17　里山エコビレッジのエネルギー自給イメージ図[6]

　日本には13万を超える集落があり、これら一つ一つの集落再生の姿として「里山エコビレッジ」が形作られる。里山が有する農林的資源や歴史文化資源を活用し、食料、水、再生可能エネルギーを自給自足したコミュティの再生である。その担い手は既存の集落住民であり、賛同する交流都市住民や移住都市住民達がそれに加わる。里山はかつて入会地として共同管理・利用されていた。今日、荒廃した里山を都市住民と一緒に新しいコモンズ・入会地として再生する。

（引用・参考文献）
1）資源エネルギー庁：「エネルギー白書2015」、2015.6.4 参照
　　URL<http://www.enecho.meti.go.jp/about/whitepaper/2014html/2-1-3.html>
2）糸長浩司・關正貴作図（2002）：『地球環境建築のすすめ』、彰国社
3）糸長浩司（2007）：「地域自立型エコロジカルなまちづくり・むらづくり」、『地球環境時代のまちづくり』、丸善
4）前野眞吾、糸長浩司（2007）：「オーストリアにおける地域再生可能エネルギー自給自足の試み」、『農村計画学会誌』、Vol. 26、No. 3、p. 159-165
5）北海道下川町：「環境モデル都市」HP、2015.6.4 参照
　　URL<https://www.town.shimokawa.hokkaido.jp/kurashi/kankyo/kankyou/kankyoucity/ecomo_nintei.html>
6）糸長浩司（2001）：『BIO-City』21号、ビオシティ

第3章
陸水域・海域沿岸における自然環境再生

1. 陸水域における自然環境再生

(1) 陸水域の自然環境再生の視点

　私たちが目にする河川や湖沼、湿地などの陸水域の環境は、一時たりともその運動を止めないばかりでなく、その運動は単純な繰り返しや周期的なものではない。常に変化し続けており、将来を予測することはかならずしも容易ではない。これらの陸水域の環境を観察する際にそれを静止した一形態としてとらえるのではなく、過去の経緯を経て現在の環境が存在し続けていると見るべきである。したがって、個々の環境の生い立ちや経験、すなわちそれらの環境が成立している自然的条件や社会的条件および自然的要因と社会的要因についての歴史的経緯を知ることを通して、個々の陸水域の環境特性をとらえることが重要である。それが陸水域理解の第一歩である[1]。

　河川環境に着目して最近の動向をみると、河川環境を取り巻く状況や法制度は大きく変わってきている。2002年12月には自然再生推進法が成立し、自然再生事業の計画に着手するなど、部分的な保全・再生にとどまらず、流域や河川全体を考えた自然再生に向けた気運が高まってきており、地域全体で河川環境の再生に取り組んでいくことが重要である。図2-18に示すように、川の自然再生により河川環境の質のレベルを上げていくのが今後の河川整備の方向である。

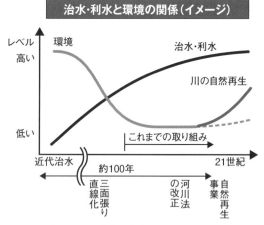

図2-18　今後の河川整備の方向[2]

(2) 河川・湖沼・湿地の特性

① 河川の特性

　一本の川でも、上流と中流、下流とでは性格を異にしているのが普通である。山間部を出てから海に注ぐまでは沖積平野と呼ばれるが、沖積平野は洪水によって形成されたものである。沖積平野を流れる河川は、山間部を浸食しながら流れていたときに比べると、海まで川幅を広げていく以外、ほとんど変化がないようにみえるが、実際には、平野の地形勾配や土砂礫の堆積状況によって差異が見られる。沖積平野を流れる河川は、それが流れる部分によって扇状地

河川、移化帯河川、三角州河川の三形態に分類される。移化帯河川は、扇状地から三角州に移る中間地帯の河川であり、自然堤防地帯河川とも呼ばれる。すべての河川がこの三形態を備えているわけではなく、扇状地河川のまま海に流入してしまうものや、移化帯部分を欠いているものがある[3]。こうした河川の特性をよく吟味して自然再生に取り組む必要がある。

② 河川のセグメント区分

　沖積河川は、表2-4に示すように、一定の勾配をもつ区間に分けられ、類似する特徴をもつ区間に河道を区分することができる。これをセグメント区分という。同一の勾配を有する区間はほぼ同じ大きさの粒径をもつ河床材料となり、また、低水路幅や深さもおおむね共通する。河川空間内の植生は、セグメントによって河川縦断方向の分布が、また、水際、河岸斜面部、河岸肩部等の位置によって横断方向の分布がおおむね定まる[4]。河川環境の保全・再生にあたっては、気象・地質・地形・河床勾配・河床材料などの河川の特性をよく調べ、こうした河川の場の特性を吟味し、それぞれの河川の個性を生かしていくことが重要である。

表2-4　河川のセグメント区分とその特徴[4]

	セグメントM	セグメント1	セグメント2 2-1	セグメント2 2-2	セグメント3
地形区分	←―― 山 間 部 ――→←― 扇 状 地 ―→　←―― 谷 底 平 野 ――→　←― 自 然 堤 防 帯 ―→　←―――― デ ル タ ――――→				
河床材料の代表粒径 dR	さまざま	2cm以上	3cm～1cm	1cm～0.3mm	0.3mm以下
河岸構成物質	河床河岸に岩が出ていることが多い	表層に砂、シルトが乗ることがあるが薄く、河床材料と同一物質が占める	下層は河床材料と同一、細砂、シルト、粘土の混合物		シルト・粘土
勾配の目安	さまざま	1/60～1/400	1/400～1/5000		1/5000～水平
蛇行程度	さまざま	曲がりが少ない	蛇行が激しいが、川幅水深比が大きい所では8字蛇行または島の発生		蛇行が大きいものもあるが小さいものもある
河岸侵食程度	非常に激しい	非常に激しい	中、河床材料が大きい方が水路はよく動く		弱、ほとんど水路の位置は動かない
低水路の平均深さ	さまざま	0.5～3m	2～8m		3～8m

③ 湖沼、湿地の特性

　広義の湿地（ウエットランド）は、川の始まりから海の浅いところまで、山地水域から湿原、湖沼、河川、干潟、マングローブ林、サンゴ礁、藻場などの沿岸域まで、水のあるところ、水と命の出会うところの総称である（日本の重要湿地500、環境省）。湿原や干潟などの湿地には、多様な動植物が生息し、独特の生態系が形成されている。湿地は、水質浄化の面でも重要な機能を有している。　しかし、これまで我が国の湿地は、人為の影響により減少や環

境の変化が進行し、各地で保全が求められている。

　湿地は多様な生物の生育・生息場所や利用環境として重要な場所で、特に渡り鳥の飛来地として注目されており、ラムサール条約の登録湿地、鳥獣保護法に基づく鳥獣保護区（集団飛来地）等の登録・指定を受けて、保全・保護の対象となり得る。また、河川や湖沼などについては「貯水機能」、干潟やマングローブ等については「水質の浄化機能」を有しているほかに、潮干狩りや釣り等のレクリエーションの場として活用されることも多く、人の生活や活動に対しても重要な位置付けにある。

　上述のように、湿地は生物の生育・生息環境として重要な地域であると同時に、人の利用の場としても重要であり、しばしば開発の対象となる。たとえば河川などはダムの設置、干潟やマングローブなどは沿岸海域の埋め立てなどが行われている。そのため、多数の条約や法令等により湿地の保全・保護が図られている。

(3) 水辺の自然環境の特徴

① 水辺の特徴

　河川、湖沼、湿地などの水辺は、陸域と水域の狭間にあって洪水の攪乱による影響を受けて多様な自然環境が成立する特異な空間である。陸域は比較的安定した立地であり、人為的影響がなければ植生遷移が進み、より安定した森林へと移行するのに対し、水辺は水位変動の影響を受ける不安定な立地であり、植生遷移は制限されて、ヨシ－ヤナギ群落などの水辺特有の植生が成立する。水辺の陸地化が進行して安定した立地になれば植生遷移が進むことになる。このように、水辺は水分環境が著しく変化する不安定な立地が維持されることに特徴がある。

② 水辺のエコトーン

　自然の湖沼や河川では、陸域から水域へと次第に環境が変化するエコトーンが形成される。エコトーンは移行帯や推移帯と訳され、異なった生物の棲み場、または生物の社会が相接し移りゆく場所に形成されるものをいい、どちらとも違った特徴をもった部分のことを生態学で表現した言葉である。水辺のエコトーンでは、水深、土壌水分、地下水位などが変化するため、多くの生物の生息場所となる多様な植生が成立し、生物多様性に富んだ空間となりうる[5]。

　緩い傾斜の自然の湖岸を例にとってみると、図2-19に示すように、多くの場合、陸側から沖に向かって、水辺林から湿性植物、抽水植物、浮葉植物、沈水植物まで、狭い場所にさまざまな生活形をもった植物の群落が

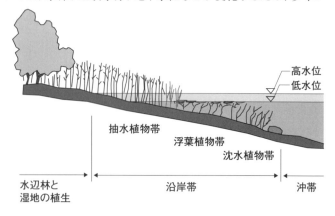

図2-19　湖岸等に見られる水辺のエコトーン[5]

見られる。

　湖岸、河岸などの水辺のエコトーンは、**表2-5**に示すように、漁業資源や野生生物、地域景観などの保護・保全の面で重要な意義をもっており、動物の棲み場、水質の浄化、湖岸・河岸の保護、人の食べ物・生活用品の材料などの資源の供給、穏やかな水辺景観の形成などの上で、重要なはたらきをしている。

表2-5　湖岸の植物群落のさまざまなはたらき[5]

はたらき		植物群落	水辺林群落	湿地植物群落	抽水植物群落	浮葉植物群落	沈水植物群落
動物の すみ場		魚介類産卵・稚魚幼生のすみ場	－	－	○	○	○
		野鳥の営巣・育雛・隠れ場	○	○	○	＋	－
		野鳥の餌場	○	○	○	○	○
		昆虫類・両生類すみ場・餌場	○	○	○	○	○
		底生動物や貝類の餌場	＋	＋	○	○	○
		付着生物の着生基体	－	－	○	○	○
その他	水質浄化	土砂や汚濁物質の流入阻止	○	○	○	○	＋
		有機物の分解浄化	－	○	○	○	○
		湖水と底泥から栄養塩の吸収	－	－	○	○	○
		植物プランクトンの抑制	－	－	○	○	＋
	湖岸保護	密生した根茎による浸食防止	○	○	○	－	－
		密生群落による消波	○	○	○	＋	＋
	資源供給	人間の食べ物	○	○	○	○	○
		生活用品の材料	○	○	○	＋	＋
		家畜の餌と農地の肥料	○	○	○	○	○
	景　観	穏やかな水辺景観の形成	○	○	○	○	＋

注：○は明らかにそのはたらきがあること、＋は多少あること、－はないことを示す。

③ 水辺環境の現状

　河口域や湖沼などの水辺は、流れのほとんどない止水域の水辺環境としての特徴を備え、上述のエコトーンの発達が見られるところが多い。海辺に近い河口域や浅い海辺では、潮汐の影響により頻繁な水位変動が起こることから干潟が形成されやすい。一方、扇状地、沖積地にある河川の中流～上流域では、たびたびの洪水攪乱による河床変動、浸食・堆積作用により、瀬や淵などの変化に富んだ流水域の水辺環境が形成される。砂利の河原や中州といった水際が形成され、親水レクリエーションの場として多くの人に利用される。

　こうした自然の水辺環境は、1960年代以降の我が国の高度成長期に都市に人口が集中した結果、土地利用の高度化・効率化を求める社会的要求に応じて、湖沼・湿地・海岸の埋め立て、都市開発や農地開発、治水・利水機能を高めるための河川改修等によりその多くが失われた。都市開発、農地開発のピークは過ぎたものの、依然として開発圧力は存在し、これらの水辺環境が失われる危機が去ったわけではない。

　都市に多くの人が住み、身近な自然の多くが失われた現在、自然とのふれあい、自然との共生への国民的要求が一段と高まってきている中で、残された貴重な水辺環境を保護・保全するとともに、失われた水辺環境を再生していくことが今後に残された課題である。

(4) 水辺の自然環境再生の取り組み課題と方向性

① 河畔林の保全と再生

河畔林は水辺に成立する森林をいう。河畔林の構成種の主体はヤナギ科植物によって構成されている。これらの河畔林の構成植物は、河川の増水、攪乱、立地環境、特に水分環境や土性に大きく影響されて分布している。また、これらの氾濫原には、近年、ハリエンジュなどの外来種が分布域を拡大している。

河畔林は、図2-20に示すように、日射遮断（水温上昇の防止）、リター供給（落ち葉の供給・食物ベースの形成）、落下昆虫の供給（餌の供給）、倒流木の供給（水中・水辺環境の形成）、水質形成（土砂・濁水の流入防止および養分吸収）などのさまざまな生態的機能を持つ[7]。

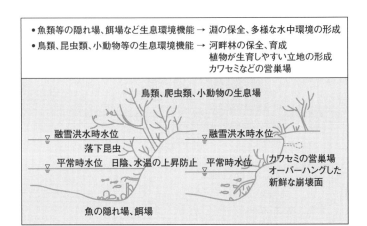

図2-20 河畔林の生態的機能[6]

河畔林の最大の特徴は、林分の破壊と再生が河川の動態に密接に関係していることである。洪水は浸食や土石の移動で河畔林を破壊する一方、堆積作用によって新たな堆積地をつくりだす。そこにヤナギ科植物を中心とした樹木が定着して河畔林の発達が始まる。このような河川の攪乱作用に適応した樹種や、滞水時の土壌の低酸素状態に耐える生理的メカニズムをもった樹種が氾濫原で優占することになる。

河畔林は洪水による攪乱に依存しているため、堆砂や河道の変化によって立地が水面から相対的に高くなり、安定化すると他の樹種に変わる遷移が始まる。砂防ダムや各種のダム、堰などによって土砂流出が減少し水位が安定化すると、本来の河川の動的な性質が失われ、河畔林は破壊されないが、更新もできない状態になる可能性がある。河畔林の保全や再生を考える際には、この河川の動的な性質を保持することが最も重要である。河川の整備にあたっては、高水敷を均質に造成するのではなく、河川特性に応じたできるだけ微妙な凹凸をもった環境を再生すること、および河川の自然営力を活かした河岸の再生を図ることも大きなポイントである。

② 水辺の自然環境再生の重要な指針としての多自然川づくりと今後の課題

河川環境再生の重要な指針として、1990年11月付け建設省（現国土交通省）河川局の「『多自然型川づくり』の推進について」、と題する通達が全国に発せられた。「多自然型川づくりとは、河川が本来有している生物の良好な成育環境に配慮し、あわせて美しい自然景観を保全あるいは創出する事業の実施をいう」とされた。当時、クリスチャン・ゲルディ氏らによって、スイスやドイツで行われていた近自然河川工法が、この通達やその後の多自然型川づくり

に大きな影響を与えた。

多自然川づくりは、当初モデル事業としての「多自然型川づくり」として取り組みが始まったが、その後は「型」をとって、すべての河川で実施する河川整備の基本となった。1997年に河川法が改正され、治水、利水に加えて河川環境の整備と保全が法目的に加えられ、河川砂防技術基準（案）において「自然を生かした川」が河川整備の基本とされ、多自然川づくりが河道計画の基本として位置づけられ、数多くの事例が見られるようになった。その内容は、当初は自然石や空隙のあるブロックを用いた低水護岸の工法を工夫するなど、主に水際域の保全や復元を図るための個別箇所ごとの対応が中心であったが、次第に瀬や淵、河畔林等河川空間を構成する要素への配慮、河川全体を視野に入れた計画づくり、自然再生事業等における流域の視点からの川づくりへと、より広い視点からの取り組みも実践されるようになった。

このように多自然川づくりは、我が国の川づくりを従来の治水・利水を中心とした川づくりから、治水・利水・環境を調和させる川づくりへと転換させてきた。また、この間には、河川

写真2-2　多自然川づくりの例（青森県・岩木川）

法改正をはじめとして、自然再生推進法、景観法制定などの関連法制度整備、河川生態学術研究会等を中心とした学際的な研究の進展、市民と行政の協働による川づくりの実践など、川づくりを進める上での環境が整備されてきた。

今後、シンポジウムやワークショップ等を通じて多自然川づくりを市民により広く周知し、理解を得るための活動を実施すること、多自然川づくりを推進するための人材育成を図っていくことが求められる。また、川づくり全体の水準を向上させるために、多自然川づくりの計画・設計技術の向上、多自然川づくりの河川管理技術の向上、河川環境のモニタリング手法と川づくりの目標設定手法の確立や順応的管理、河道や流域の改変に対する河川環境の応答の科学的な解明を進めていくことが必要である。

多自然川づくりは、川のはたらきを生かしながら複雑な地形を保全・回復すること、川の働きを許容する空間を確保すること、河川の連続性を保全・回復すること、河川景観を豊かにすることがポイントである（**写真2-2**）。川の自然性を高め、その川固有の風景を取り戻すことが必要である。

③ 湖沼、湿地の保全・再生

　湖沼、湿地の保全・再生にあたって、最も重要なことは水際の環境を保全・再生するための条件を整えることである。すなわち、水辺のエコトーンが成立するように、水位条件を保全・再生することである。水分環境条件を整えれば、おのずと水辺のエコトーンは再生する。必要以上に植栽するなど、人為的に余計なことはしないことが肝要である。

　湿地再生の代表的な事例として、渡良瀬遊水地の湿地保全・再生の経緯を以下に紹介する。

　渡良瀬遊水地（**写真2-3〜2-4**）は、利根

写真2-3　渡良瀬遊水地[8]
（埼玉県・栃木県・茨城県・群馬県（利根川））

写真2-4　順応的管理により保全・再生が進められている渡良瀬遊水地の豊かなヨシ原と湿地の環境[8]

川の治水対策上重要であるとともに、自然環境に恵まれた広大な湿地空間としての役割も持っている。国土交通省では2010年3月に「渡良瀬遊水地湿地保全・再生基本計画」を策定し、今後、治水と環境の両立した遊水地の機能強化を行うこととしている。

　渡良瀬遊水地は、利根川本川の132km左岸において渡良瀬川と思川、巴波川の三川が合流する位置にあり、茨城県古河市、栃木県栃木市・小山市・野木町、群馬県板倉町、埼玉県加須市の4県4市2町にまたがる、本州最大級のヨシやオギ主体とする氾濫原の湿生草原を有する総面積33km²の遊水地である。全国の氾濫原の湿地では、池沼が減少し、乾燥化が進む傾向が見られるが、渡良瀬遊水地でも乾燥化や環境の単純化が進んでいる。そのため広大なヨシ原や多様な湿地で構成される生物生息・生育空間（ハビタット）を保全し、かつて多く見られた湿生植物群落、抽水植物群落や池沼を再生するため、2002年6月より「渡良瀬遊水地湿地保全・再生検討委員会」において湿地保全・再生の方策について、専門家による具体策の検討が進められ、2010年3月に「渡良瀬遊水地湿地保全・再生基本計画」としてまとめられた。これらの基本計画に基づき、渡良瀬遊水地の湿地を再生するため、必要な場所について掘削工事などが実施されている。

　良好な自然再生を着実に進めるため、保全・再生工事は順応的管理による段階施工で実施されている。この順応的管理を行うため、しっかりとしたモニタリングを行い、「渡良瀬遊水地湿地保全・再生モニタリング委員会」により自然再生に適した掘削の手法を検証しつつ、保全・再生工事が進められている。

（引用・参考文献）
1）高橋裕（1993）：『河川工学』、東京大学出版会、pp.2-8
2）国土交通省河川局河川環境課（2002）：『自然再生事業（パンフレット）』、p.4
3）大熊孝（1988）：『洪水と治水の河川史』、平凡社、pp.47-48

4）山本晃一（1994）:『沖積河川学』、山海堂、p.6
5）桜井善雄（1991）:『水辺の環境学』、新日本出版社、pp.36-37
6）木内勝司、佐々木幹夫、長谷川金二（2001）:「河川合流点における河川整備とビオトープの回復」、水工学論文集、第45巻、pp.7-12
7）崎尾均、山本福壽（2002）:『水辺林の生態学』、東京大学出版会、pp.17-18
8）国土交通省関東地方整備局利根川上流河川事務所:「渡良瀬遊水地の紹介」、2015.6.4参照
URL<http://www.ktr.mlit.go.jp/tonejo/tonejo00153.html>
・多自然川づくり研究会（2007）:『多自然川づくりポイントブック河川改修時の課題と留意点』、（財）リバーフロント整備センター、pp.94-106

2. 海域沿岸における自然環境再生

（1）海浜環境とその特徴

海洋は地球表面の約71%を占めており、海洋環境の基本的な区分として漂泳環境（水柱環境）と底生環境があり、もう一つの区分として外洋域と沿岸域がある。ここでは、沿岸域を、ヨシ原、砂浜、干潟、磯、サンゴ礁など多様な自然形態と生態系が存在する、海岸線を含む陸域と海域の範囲と考える。我が国の国土の約70%は山地であり、生活および経済機能は沿岸の平地部に集中し、開発が容易なこともあり人間活動の影響を強く受けてきた。沿岸域の環境には自然環境のみならず多様な要素が含まれている。沿岸域の機能についてカテゴリー分け（生態、防災、利用）がされ、整理されている例を**表2-6**に示し、以下にカテゴリーごとの概要を述べる。

① 生態のカテゴリー

生態のカテゴリーは、生物活動を中心とした生態系を意味し、そこでの物質・エネルギー変換を含む。沿岸域には固有の生態系が存在し、さらに産卵、孵化、幼稚仔の生育など、他の領域における生態系にとっても不可欠な生育段階が含まれる。沿岸海域では、河川から供給される栄養塩や浅海であるために光量が豊富なことが、高い一次生産を支えている。人間との関係では、生態系は水産やレクリエーションなどを通じて人間に物質的および精神的な資源を与えている側面がある。

表2-6 沿岸域環境の諸要素[1]

環境カテゴリー	環境基盤	海洋形態（岩礁海岸・砂礫海岸、泥浜海岸）、地形
		気圏（気象、大気質、光、音、臭い）
		水圏（海象、水質、海底地形、底質）
		地圏（地象、底質、地下水、地表水）
	生態	生態系（物質・エネルギー循環）
		プランクトン、ベントス、魚類、鳥類、ほ乳類
		海草、海藻、海浜・陸上植物
	防災	海岸侵食
		波浪・高潮、風、洪水
		地震・津波
	利用	交通（港湾、漁港、空港）
		エネルギー基地（発電所、エネルギー備蓄基地）
		資源（石油・鉱物資源、波・潮汐・温度差エネルギー）
		水産業（漁場、養殖場）、農業（農地）
		工場（工場）、商業（オフィス）、都市（住宅）
		レクリエーション（海水浴、潮干狩、釣り、散策、観光見物、サーフィン、ヨット・ボート、キャンプ、サイクリング）
		空間（廃棄物・建設残土・浚渫土砂処理）
総合環境		ランドスケープ（景観）

第Ⅱ編　自然環境再生の考え方と技術論

② 防災のカテゴリー

防災のカテゴリーは、人間が生命や財産の危機を気にかけず安心して生活するための環境カテゴリーであり、日本の海岸ではいずれも厳しい条件にあり、防災という面での環境整備が必須となっている。

③ 利用のカテゴリー

利用のカテゴリーは、水際線域の特質を生かして、人間が活気のある生活をするための環境を意味する。人類は狩猟時代から沿岸域の魚介類や海藻などの水産資源を利用し、集落を形成してきた。そして交通の接点として港を建設し、さらに産業拠点やエネルギー基地を形成してきた。加えて1次産業から3次産業にいたる活動の空間として利用され、レクリエーションの場としても重要な役割を果たしている[1]。

（2）沿岸生態系の特性

沿岸域の自然環境の中で干潟、藻場、砂浜、サンゴ礁などは、地球の3圏、すなわち水圏（海）、地圏（陸）、気圏（大気）と接する重要な場となっており、多様な生物相が存在し、生物生息場機能をはじめとしたさまざまな機能と特性をもっている。

① 干潟の機能

干潟は潮汐変化により干出と水没を繰返す緩勾配の砂泥質の地帯で、河川流入による塩分濃度の変化、波浪や潮流による地形や底質の変化などさまざまな要因をもった複雑な環境であり、鳥類、魚類、貝類などの底性動物、プランクトン、水生植物など多様な生物の生息場となっている。干潟は前浜干潟、河口干潟、潟湖干潟の三つのタイプに分類される。干潟の生態系は、鳥類を頂点とする食物網と太陽エネルギー等を利用した有機物の分解・無機化などの物質循環により、高い水質浄化機能および底質浄化機能を有している。また、潮干狩り、バードウォッチングなど親水の空間となっている。

② 藻場の機能

藻場は沿岸浅海域で大型の海藻類や海草類（水生植物）が繁茂し群落が発生した場所で、水深が数十cmから数十mにわたる海中で見ることができる[2]。藻場は形成している植物や生育基盤によって分類され、アマモ場（大型海草藻場・砂泥地）、アラメ・カジメ場（海中林藻場・岩礁）、ホンダワラ類藻場（ガラモ場・岩礁）、コンブ場（岩礁）などがある。藻場の機能には、基礎生産力、魚類やイカ等の産卵・卵付着の場、幼稚仔の生育・隠れ場としての機能、食餌供給機能、栄養塩吸収による水質浄化機能、CO_2固定機能、流れ藻供給機能（隠れ場・摂餌場）等がある。基礎生産については、アマモ場では1年中生産が行われるので温帯の広葉樹林以上の生産量が見積もられ、熱帯性海草藻場では熱帯降雨林に匹敵する生産速度を持つといわれている[3]。

84　環境再生医

第Ⅱ編　自然環境再生の考え方と技術論

③ サンゴ礁の機能

　サンゴ礁はサンゴを主体とする造礁生物により形成される地形であり、一般にサンゴと呼ばれる動物が群生し、サンゴ群集を形成する場所だけではなく、海藻・海草等が生育する場所あるいはサンゴがあまり生育できないような砂地や泥地も含む[4]。サンゴ礁の生物生産機能は熱帯降雨林と同等かそれ以上とされており、機能としては有用魚介類の生息場所、多様な生物の共存する生息場所、水質の浄化機能等があり、特筆すべき優れた景観形成機能および親水機能をもっている。

④ 自然条件面からみた沿岸海域の特徴や生態系の特性

　我が国における沿岸海域という場所の特徴や、そこに生息する生物や生態系の特性を考えると、以下の点が挙げられる[5]。

1）もともと陸域からの栄養の供給量が多く、生物生産が盛んな場所にある
2）干満の変化を受ける潮間帯（干潟など）に特徴的なように、環境変動が大きな場所にある
3）環境条件のわずかな違いを利用した生物の階層構造が見られる（潮間帯等）
4）環境変動に強く（回復力が強く）、小型で再生産の時間スケジュールが短い（回転が速い）種が卓越しやすい
5）生態系が安定で極相に達するというよりも、絶えず攪乱と回復・成長を繰り返している場が多い

⑤ 人々との関わりの面からみた沿岸海域の特性

　人々が沿岸域と付き合ってきたやり方には、特に干潟・藻場については次の点が考えられる。

1）生物生産が盛んであり、漁業活動の場あるいは潮干狩り場として機能してきた
2）漁場として、人が積極的に手を入れてきた場（アサリ、ノリなどの漁業活動、里海、海の畑）もある
3）ヨシ原や藻場については、相当量のヨシや海草（アマモなど）を刈り取り回収し、材料や肥料として利用してきた

　このように、古くから多様な生物資源が有効に利用されており、人の手が入ることで水質や漁業生産性が保たれていたという面もある[5]。

（3）沿岸域の自然環境再生の取り組み課題と方向性

　1950年代に水俣病や田子の浦のヘドロ公害などが社会問題化し、海洋汚染への関心が高まり、懸命な取り組みが行われた。その結果、1970年代には特定原因による海域の有害物質汚染の問題は一段落した。環境基本法制定以来、自然環境との共生を目指したさまざまな取り組みがなされ、2000年には港湾法が改正され「良好な港湾環境の維持・回復・創造、人と自然のふれあい」などが基本方針に記述され、海岸法の改正では、「海岸環境の整備と保全」、「公衆

環境再生医　85

の海岸の適正な利用」が追加された。具体的には、「自然豊かな海と森の整備対策事業（白砂青松の創出）」、「海岸保全基本方針」、「自然と共生する環境創造型水産基地整備の推進」等、各行政機関において横断的な取り組みもなされている。また、2002年には「自然再生推進法」が施行され、自然再生は地域の多様な主体の参加と創意による地域主導の新たな取り組みと位置づけられた。再生という側面からの取り組みは始まったばかりであり、再生技術、管理技術、利害関係者や一般市民を含んだ多様な主体によるパートナーシップの形成などについて、さらに進歩、発展させていくための課題が多く存在している。

① 再生技術について

　自然の生物生息場（ハビタット）の観察などにより、安定した生育基盤や環境条件についての知見を蓄え再生技術を進化させていく必要がある。土木技術を利用した地形改変による新たな「生息の場（生息基盤）づくりの技術」から、アマモの苗を割箸につないで移植するような「生息にふさわしい環境条件を整える技術」もあり、多様な規模、機能をもった修復・再生技術が必要である。また、自然が持っている、地形や生態系の自己修復能力を引き出すことも重要である。

② 管理技術について

　再生の計画にあたっては、イメージできる目標像が必要になる。しかしながら、陸域や外洋域からの影響を含め、自然の大きな変動などにより想定以外の状況を示す場合があることを念頭に入れておく必要がある。米国では湿地造成後の生態回復のシナリオが必ずしもうまく描けず、予測と違っ

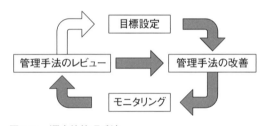

図2-21　順応的管理手法

た事態が起きつつ生態系の成熟が進むことが指摘されている。そこで自然の中での変動を理解したうえで、アダプティブマネジメント（順応的管理）（**図2-21**）の適用をはかるほうが、より計画的であるとの議論が出てきている[5]。今後は、海洋工学的な面も含めて検討を進めていくべきであろう。また、採用技術の評価、再生状況や目標達成度の判断にあたっては、「環境機能評価法」や「生物機能評価法」などの評価手法と評価基準をプロジェクトごとに検討し、科学的で合理的な判断を導く必要がある。

③ パートナーシップの形成

　海浜の再生計画にあたっては、利害関係者や地域の人々を含めた関係者の間で理念の共有が必要であり、目標、手段、管理などすべてにわたる共通認識の形成が不可欠である。10年、20年といった活動の継続が必要になる場合もあり、各主体の力量に適合する役割分担と責任範囲についての合意も重要である。また、造ったら終わりというこれまでの公共事業のあり方と異

なった調整が必要である。

④ 里海の考え方

　近年、里海という概念が水産分野で提案され話題になっているが[6]、その言葉のルーツは人に利用されながらも自然豊かな「里山」にあると考えられ、人々の関心を海に引き寄せるという側面からは意義深い言葉と考えられる。環境省が2010年から運用を始めた「里海ネット」においては、里海とは、「人手が加わることにより生物生産性と生物多様性が高くなった沿岸海域」とあり、「海の環境に応じて地域ごとの海と人との適切な関わり方を模索し、それを継続していくことが大切」としている。海洋基本計画（2013年4月閣議決定）では、「沿岸域の総合的管理」における「里海づくり」が位置づけられている。「里海づくり」には多様性が要求されるとともに、手法の有効性は環境によって異なることが考えられるので、地域性を重視することが重要であり、たとえば禁漁区を設けるなど、特定の海域について人の手を意識して加えないようにすることも管理の一環とされている。たとえば、瀬戸内海における里海づくりでは、埋め立てによって失われてしまった浅海域の藻場や岩礁海岸に代わる機能として、カキ養殖筏がもつ水質浄化や稚魚育成などの機能を期待し、カキ生産を通して「人間と海との持ちつ持たれつの関係、それを瀬戸内海では『里海』という」[7]としている。

　沿岸域における社会的課題として、1）自然が失われた内湾部での自然回復に関する科学的検討、2）自然が残された海岸での、保全や修復の推進と地域発展との調整、3）地域の意思決定法や地域住民の関与のシステムの構築をどう進めるか、などが挙げられているが[8]、これらの課題に対し、環境再生医の積極的な関与が望まれ、「里海」の概念と「里海ネット」を通した「里海づくり」も、海域沿岸における自然環境再生の手段として取り入れることが有効と考えられる。

（引用・参考文献）
1）磯部雅彦（2004）:「米国におけるミティゲーション制度と沿岸域環境管理の枠組み」、『沿岸域の環境を考える視点』、土木学会環境システム委員会、p.51
2）海の自然再生ワーキンググループ（2004）:『海の自然再生ハンドブック第1巻総論編』、p.14
3）海の自然再生ワーキンググループ（2004）:『海の自然再生ハンドブック第3巻藻場編』、p.11
4）海の自然再生ワーキンググループ（2004）:『海の自然再生ハンドブック第4巻サンゴ礁編』、p.3
5）海の自然再生ワーキンググループ（2004）:『海の自然再生ハンドブック第1巻総論編』、p.41
6）内田基晴（2013）:「私なりの里海論・里海感・里海的取組」、『日本水産学会誌』、79（6）、p.1023
7）NHK（2014.3.23）:「里海 SATOUMI 瀬戸内海」、NHK スペシャル
8）細川恭史（2004）:「沿岸域環境保全・回復システムの課題」、『沿岸域の環境を考える視点』、土木学会環境システム委員会、p.107

第4章 都市における自然環境再生

1. 都市の自然環境の特性と再生の考え方

(1) 自然の再生と地域コミュニティの再生

　都市域は人間が快適で効率的な生活や活動するための人工空間で、快適性や効率性を追求した結果、都市は拡大し自然は失われていった。その一方で、都市ではメンタルな快適空間の自然環境の創出・復元が求められるようになった。都市環境の改善の決め手は失われた自然の再生であり、それは自然共生の修復であり、人間の共同体の回復ともなり、市民の連帯による地域コミュニティの再生へと連動していくことになる。

(2) 都市の自然環境の再生

① 都市の自然再生と市民の責務

　現在、都市はもとより地球規模で温暖化や自然の浄化再生力を超える自然の破壊や生物種の絶滅など、人間活動の環境への影響が広く認識されるようになった。今を生きる私たちには、次の世代に豊かな環境を引き継ぐ責務がある。施策においても、トップダウン型の行政指導から、ボトムアップ型の市民参加時代へと移行し、その地域性や住民の意向が尊重されると同時に、開かれた行政が求められ、住民らの活動と責務にも期待がかかっている。

② 意識の転換と「自然」を活用した体験学習

　急速な少子高齢化社会の到来は、増えつづける高齢者の生きがい・楽しみ・健康保持・生涯学習などの要求度を高め、同時に次代を担う大切な子供たちに対し、次世代に引き継ぐ環境教育の必要性を高める。このような学習機会では、環境・参加などの視点から私たちの生活のあり方や価値観を転換していくよう教育・体験することが求められる。その運用では、生態的のみならず精神的・文化的なよりどころとしての「自然」の保護・保全、およびそれを活用した自然系の環境教育・体験学習がわかりやすく効果的である。

③ 身近な「自然」と生物多様性を持つ「自然」

　白神山地などの奥山自然地や農村域の里地里山などの自然環境保全の必要性と同時に、都市では日常的な園芸・造園・ガーデニング等への関心が高まり、身近で日常的な自然を大切にし、親しもうとする機運も高まっている。しかし都市域においては、生物の生育基盤となる質の高い「自然」が減少し、新たな植栽地も単純化し生物多様性の保持を危うくし、分断された緑地は生物種の移動・回復を妨げている。都市環境に求められるヒートアイランド防止や大気

質浄化などに効果的な、高い生産力を持つ「自然」は、多様な生物も生息できる。すなわち、循環型社会の構築や都市の再生にも貢献する、生物多様性のある「自然」を増やすことが急務である。

④ 都市域の自然の位置付け

人と自然の係わり合いには図2-22のような関係がある。右側端は原生的な自然であり、左側端は人工的な自然である。右側へ行くほど人為度は下がり、右側端は中部山岳地方や北海道などにある手の付けられていない原生自然（奥山自然地）に相当する。中央部は里地里山で、左側へ行くほど人為度は高くなり、左側端はガーデニングや鉢植えなど最も身近な自然に相当する。「自然」の質は自然度と人為度のバランスの中で連続した関係にあることを理解する必要がある。

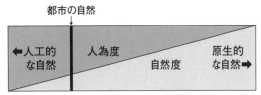

図2-22　自然度と人為度のバランスで連続した「自然」[1]を改変

⑤ 都市住民と里地里山との交流

里地里山では農村環境が崩壊し自然に対し人がかかわらず、雑木林などの二次的自然が絶滅の危機に瀕している。里山の場合、維持管理をする人も産業（薪・炭・堆肥など）もなくなり、その維持は至難であるが、市民が里山に出向き作業することで二次的自然の保全と再生が可能になる。そのためには、二次的自然の保全と再生の作業は労働ではなく、生きがい、楽しみ、運動、環境教育、体験学習などとして位置づける。

(3) 都市における自然環境再生の方法

① 都市に必要な二次的自然の創出・復元

今、都市に求められる自然は自然度の高いものだけではなく、健全な二次的自然や、できるだけ複合的で生物が生息できる多様性のある自然である。都市の自然再生では、質の高い緑地（コア：核）を中核として、線（コリドー：生態的回廊）や点（自然創出区域）の緑地を新たに創出しネットワークするように考える（エコロジカルネットワーク：図2-23）。このため、生態系の位置づけや自然の構造に対する知見をもとに、創出する自然の構造を検討したり、計画することが必要である。

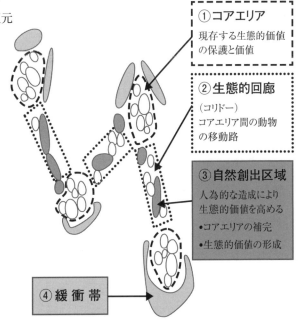

図2-23　エコロジカルネットワーク[1]

コアとなる緑地は十分な面積をもつ必要があり、都市部にある公園・緑地が該当する。これをつなぐ線（コリドー）は、都市部では緑道・街路樹・河川敷・校庭など連続した緑であり、点（自然創出区域）は人工地盤・屋上・壁面緑化、外構植栽、個人庭などである。コアとなる都市緑地や郊外の二次林などの生物生息空間を点や線で連結することで、さまざまな生物の移動が可能となる。エコロジカルネットワークの形成により、孤立しがちであった都市の自然環境が、生物豊かな多様性に富む空間へと蘇る可能性がある。

② 都市の自然環境再生と豊かな緑文化の形成

都市では、生活環境の快適化に関する整備がほぼ完了した現在、自然環境の再生は社会基盤整備の根幹と位置づけられるようになった。快適な生活空間を追い求めた結果、自然環境が失われ、同時に人々の交流の場も失われた。都市における自然環境の再生は、それに係わる人々の新たな交流の場を醸成し、ヒューマンネットワークの形成へと進み、より豊かな都市の形成へと進展することが期待されている。

③ 自分にできる市民参加の緑化

建築物と舗装で構成される都市においても、自然的環境を創出することは可能である。たとえば、街路樹や人工地盤・屋上・壁面緑化などであり、さらに、民地や住宅地の庭、緑のカーテンなどにより緑の量を増やすことができる。この民地や庭を自然回復の場とすることにより、自らが楽しみつつ、点の緑として自然環境を復元することができる。

屋上・壁面、民地などの小さな都市緑化の効果は、生物的な効用と人のメンタル面の総合的な効用がある。そのため、都市の緑化はメンタルな効用に着目したもので行う。小さな緑化可能地であっても、「できるだけ自然に」という発想をすることで自然度は高まる。

また、民地や小さな緑地では、個人自らの意志により自由に緑をつくることができる。都市緑地、都市公園、街路樹などは、公共空間であり地域自治体と市民のコラボレーションによって自然環境を復元することが必要であり、市民の参加が求められている。

（引用・参考文献）
1）上坂克巳、大西博文、藤原宣夫、小根山裕之、森崎耕一（2000）：「道路事業における生態系の評価手法」、土木資料、42-1、pp.24-27

2. 都市域の自然環境再生取り組みの方向性と実際

(1) 都市の自然再生「町山」

「奥山」は保護、「里山」は保全が軸になるが、都市の自然は人間側の要求に合わせながら、互いに譲り合って共存する必要があり、身近な緑としてガーデニングなど趣味的な要素も加わることになる。すでにエコロジカルネットワークのコアになるほど自然が再生しているが、オオタカがいるような保全すべき「里山」ではなく、庭いじりのように自由に人が関わることで成り立つ「都市の森」のことを「町山」と呼ぶ。

(2) 「町山」の事例（「サンシティ」の概要）

サンシティは、東京都板橋区にあり、敷地面積は12.4haで人口約6,200人の集合住宅団地である。竣工から約40年を経て、「樹々」は町や人々と共にゆっくりと加齢し、「樹海」となった（**写真2-5**）。この樹海の世話（ケア）をするのは、中高年を中心とするサンシティ・グリーンボランティア約90名である。

写真2-5　サンシティ約40年前→現在

40年前、新しく造成され、緑がなかった中央の緑地は、住民の手で武蔵野林の樹種が植樹され大切に育てられ、緑のコミュニティ活動の場となった（**写真2-6～2-7**）。

サンシティでは、約40年前この団地に住み着いた人々が、子供の家族や田舎の親を団地内に呼び寄せ、一族が集まり定住することで、新しい「ふるさと」が作られている。そのうえ、きわめて活発な各種コミュニティ活動が行われている。ここには、「すばらしい自然」と「豊かな住環境」に、「暖かな人間関係」がある。高い定住率はこうした「住みやすさ」に起因している。また、そのために、マンションとしての価値も維持されているものと考えられる。

写真2-6　入居時の植樹祭

写真2-7　初めての炭焼き

(3)「町山」成功の秘訣

　サンシティは完成後17年目に住民による「維持管理ボランティア組織」が発足した。最初はトラブルが多く、緑に関するさまざまな問題点があると専門家に依頼・相談をし、解決してきた。ボランティアの中にもさまざまな専門家がおり、活動の中で生まれたさまざまな達人も含めその活用が重要な鍵を握る。

　①必要に応じて専門家を導入し、本格的な考え方による本格的な活動をしていること、②管理組合というスポンサーのもとで公認された活動であること、③楽しみや生きがいとして参加する大勢のボランティアの人達がいること、④「町山」という自由な自然観で自然環境を再生していることが、ここのボランティアによる維持管理活動の特徴で成功の秘訣である。そして、この40年間の活動には環境再生医が関わっている（図2-24）。2013年には、第33回緑の都市賞で内閣総理大臣賞を受賞し、ボランティアの士気を高めた。

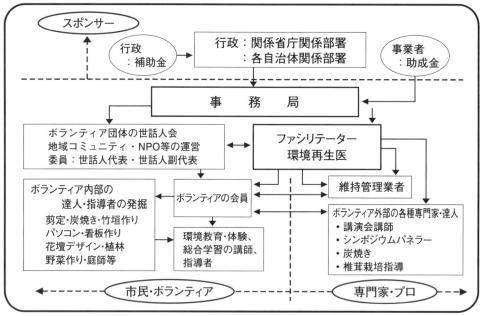

図2-24　ファシリテーターとボランティアの関係

(4) 都市における自然再生（ファシリテーターの配慮）

　指導者やファシリテーターとして活動を運営していくためには、さまざまな配慮が必要である。こうした活動は、現在、さまざまな地域で行なわれているが、長く継続しているものは少ない。活動を成功させるには、参加する人に、自分自身の場所であると認識してもらうようにすることが肝要である。

　活動には、「核」になる人がいて、仲間が結束している必要がある。しかし、結束の固さのあまり排他的になり、管理運営する活動家や住民の一部が独占的になり、他の参加者の参入を阻害する傾向が見られることもある。組織の運営は、意識して開放的でなければならない。

第Ⅱ編　自然環境再生の考え方と技術論

　また、活動を長く、建設的に持続させるには、将来に向けて安定した「管理・運営計画」が必要であり、それを参加者全員で立案し、実施していくことが必要である。

　都市における自然再生において、指導者やファシリテーターとして活動を運営していくためには、資源循環・ガーデニングや園芸などの生きがい・コスト縮減・環境共生・健康・運動・住民参加・環境学習など、参加者がもつさまざまなテーマを内包し、生活のあり方や価値観を変革させることができるような活動を行うことが望まれる。このような活動を広く普及し、次の世代へと引き継いでいくためには、活動の意味と価値を明らかにすることが重要であり、そのためには、情報発信が不可欠である。これは活動をすすめる者の大切な役目である。

　長続きしている都市での自然再生活動は、定住した住民が中心になって自分自身の環境づくりとしていることが多い。参加者には理論に基づいたエコロジカルな活動だけではなく、自然や環境を知る喜びや、楽しみや生きがい、それに趣味的な要素など多様な要求がある。都市における自然再生活動には、自由な発想の「町山」づくりが効果的であり、要求を満たすさまざまなイベントの企画は欠かせない。

環境再生医　*93*

第III編

自然環境の保全や再生に関わる地域的取り組みのあり方

第Ⅲ編　自然環境の保全や再生に関わる地域的取り組みのあり方

第1章 地域コミュニティの醸成方法

1. まちづくり・地域づくりへの積極的な関与

　環境再生医には「わが町の環境のお医者さん」として、特に地域での自然環境の保全・再生が期待されている。地域で人と自然が共生するような環境再生活動を行おうとする際には、地域コミュニティの存在を考えなければ十分な成果は得られない。地域コミュニティを正しく理解することによって、より良い環境再生活動を行うことができる。

(1) 地域コミュニティとは

　地域コミュニティは、「一定の地域に居住し、共属感情を持つ人々の集団、地域社会、共同体、村落など」とされている[1]。

　日本の伝統的な地域コミュニティには、「結（ゆい）」や「もやい」、沖縄では「ゆいまーる」といった相互扶助のシステムがあった。田植え、家屋の建築や屋根の葺き替えなど一時期に多大な労力を要する場合や、資材・資金を要する際には、互いの労力や資材・資金などを提供するといった相互扶助が行われてきた[2]（写真 3-1）。

写真3-1　棚田での田植え風景

　現在の我が国において、こうした相互扶助の役割は、町内会、自治会、婦人会、老人クラブ、青年団、子供会、消防団などが担っている。一方、1995年に発生した阪神・淡路大震災では多くのボランティアが被災地に入り復旧に貢献したが、それを契機にボランティア活動の重要性が認識され、社会貢献活動を行うNPOが数多く成立するようになった。現在では、こうしたNPOも地域コミュニティのひとつとして加えられるようになっている[3]。

(2) 地域コミュニティの現状

　近年、旧来からの地域コミュニティは希薄になったといわれるが、その要因として、「交通通信機関の発達等による生活圏の拡大」、「生活様式および生活意識の都市化」、「行政機能の拡大」、「農村における生産構造の変化」等が挙げられる[4]。

　その一方で、人びとの社会に対する貢献意識を見ると、「何か社会のために役立ちたい」と思う人は増加する傾向があり、とくに1990年以降は60%前後の高い水準で推移している。また、具体的にどのような貢献をしたいかを尋ねた結果では、「自然・環境保護に関する活動」を挙

げた人が37.9%、「社会福祉に関する活動」が35.8%、「町内会などの地域活動」が35.0%であった[5]。地域の自然や社会に貢献したいと考えている人が多いことがわかる。

（3）自然環境の保全や再生を核とした地域コミュニティの醸成方法と事例

　地域コミュニティの醸成方法には、地域の現状にもとづいたさまざまなものがある。代表的なものを表3-1に示す。

　一般的に、「地域への接触度合と地域愛着度には相関関係がある」[6]とされるので、地域に接触するように活動を誘導することは、地域コミュニティを醸成する重要なポイントである。

表3-1　自然環境の保全や再生を核とした地域コミュニティの代表的な醸成方法

分　類	内　容
ボランティア・市民活動による共同作業	相互扶助活動が崩壊した後、田植えや茅葺き、竹林整備作業等を地域外からのボランティアを取り入れた共同作業による新しい相互扶助のあり方。
地元学	地元にあるものを探し、新しく組み合わせたりして、意識改革や活性化する手法[7]。
Ｔ型集落点検	家族や集落がどのような状況にあるか、またこれからどのような状況を迎えることになるかを予測し、把握するために有効な点検方法[8]。
集落営農	「全戸参加型」で、できる限り集落ぐるみで共同参加するタイプをとることにより、農業経営の効率化だけではなく地域共同体としての機能も果たす[9]。
コミュニティ林業	生活するうえで結びつきが深いコミュニティを単位とし、森林所有者が協力しながら林業ならびに地域コミュニティの問題を解決する[10]。
コミュニティ・レストラン	「食」を核にしたコミュニティ支援を目的としたレストラン。地域住民の働く場づくりにもなる[11]。
自治会発電	災害等でも孤立しないコミュニティのため、地域住民が集い、手作りで小水力発電施設を設置する[12]。地域でエネルギーを自給するものとしては、その他に、太陽光や太陽熱、薪・ペレットボイラー等がある。
外部人材の活用	住民主体の地域活動に外部人材を活用することによって組織活動を活性化させる。行政が進めるものに田舎で働き隊（農林水産省）や地域おこし協力隊（総務省）等がある。
ICT（情報通信技術）の活用	ICT技術を活用した自然再生活動。たとえば、GPS機能付き携帯電話で撮影した動植物の画像をデータベースに蓄積し、地図情報にマッピングすることにより、視覚化された情報を地域住民が共有することができる。
コミュニティ・ビジネス	地域の課題を地域住民が主体的に、ビジネスの手法を用いて解決する取り組み。

　自然環境の保全や再生を核とした地域コミュニティ醸成の代表的なものに、自然再生推進法に基づく「自然再生協議会」がある。これは自然再生の実施を目的として、地域住民やNPO法人、企業、行政、専門化など多様な主体が参加し、組織されるものである。その他に、自治体が地域住民に呼びかけて組織されたり、NPOが主体となって地域のコミュニティを醸成するものなど、さまざまなケースがある。地域コミュニティの醸成にあたっては、地域の実情や特徴、活動の必要性など地域に対する理解が重要であることを認識する必要がある。

環境再生医　97

(引用・参考文献)
1) 新村 出 (2008):『広辞苑』、第六版、岩波書店
2) 日本歴史大辞典編集委員会 (1988):『日本歴史大辞典』、第9巻、河出書房新社、p.420
3) 山崎丈夫 (2003):『地域コミュニティ論』、自治体研究社
4) 国民生活審議会調査部会コミュニティ問題小委員会 (1969):「コミュニティ――生活の場における人間性の回復――」、
5) 内閣府 (2014):「国や社会との関わりについて」、『社会意識に関する世論調査』、内閣府
6) 鈴木春奈・藤井 聡 (2008):「『地域風土』への移動途上接触が『地域愛着』に及ぼす影響に関する研究」、『土木学会論文集』、Vol.64 No.2、土木学会
7) 吉本哲郎 (2008):『地元学をはじめよう』、岩波書店
8) 徳野貞雄、柏尾珠紀 (2014):「T型集落点検とライフヒストリーでみえる 家族・集落・女性の底力」、農山漁村文化協会
9) 松永桂子 (2012):「全戸参加型の集落営農法人」、『集落営農』、新評論
10) 福井県:「コミュニティ林業の推進」、2015.1.17 参照、
 URL<http://www.pref.fukui.jp/doc/kensanzai/komyunithiringyou.html>
11) 農山漁村文化協会編集部 (2014)「ピコ水力発電機を手づくり、自治会発電で災害に強くなる」、『季刊地域』No16、農山漁村文化協会
12) 茂木君之 (2012):「意志のあるお金で地域を元気に!」、『あなたも社会企業家に!』、冨山房インターナショナル

2. 環境再生医としての関わり方

　環境再生医が環境保全活動を行う場合、1992年の地球サミットや2002年のヨハネスブルグサミットにおける、「環境保全に向けた取組は、地域というより、一人ひとりが身近なレベルにおいて実際の行動として行うことが重要である」[1]という指摘が参考になる。このことは、環境再生医が環境の保全・再生活動を行う場合、自身が持つ環境分野における専門能力(専門的な知識・情報、ノウハウ、経験、スキルなど)、マネジメント能力、コミュニケーション能力を十分に発揮しながら、積極的に関わることが重要であることを示している。

　一方で、環境再生は、自然再生基本方針や生物多様性地域連携促進法に示されたように、NPOや専門家を始めとする地域の多様な主体の参画と創意により、地域主導で、ボトムアップ型で進めることが望まれている[2]。環境再生医は、自然再生協議会等の地域で進められる自然再生活動に対して、地域住民やNPO等の代表として、また、自身が有する自然環境分野に関する専門家としての知識・情報、ノウハウ等の提供、他の専門家との協働など、さまざまな側面から環境保全活動を遂行することも要求される。

(引用・参考文献)
1) 環境省 (2003):「平成15年版環境白書」、『第1節　地域社会における環境保全活動』、ぎょうせい
2) 谷津義男、田端正広 (2004):「自然再生推進法と自然再生事業」、ぎょうせい

第Ⅲ編　自然環境の保全や再生に関わる地域的取り組みのあり方

第2章
自然環境に関わる環境学習のあり方

1. 環境教育・環境学習とESD

（1）環境教育とは

　環境教育とは、2013年に定められた「環境教育等による環境保全の取組の促進に関する法律」によれば、「持続可能な社会の構築を目指して、家庭、学校、職場、地域その他のあらゆる場において、環境と社会、経済及び文化とのつながりその他環境の保全についての理解を深めるために行われる環境の保全に関する教育及び学習」と定義されている。

　近年、自然環境や資源の有限性、地域の将来性などさまざまな分野とのつながりを認識し、持続可能な社会の実現に向けて行動することや、そうした人材を育成することの重要性から、「持続可能な開発のための教育」（ESD：Education for Sustainable Development）の概念が用いられるようになっている。ESDには、環境保全や資源の過剰利用の抑制の視点とともに、貧困の克服、保健衛生の確保、質の高い教育、性・人種による差別の克服等への配慮など、さまざまなテーマを含む複合的な概念として用いられている。

　環境教育に関わる用語としては、「環境教育」、「環境学習」、「ESD」などがあるが、それぞれに明確な区分はなく、市民がさまざまな機会を通じて環境問題を理解すること、自主的・積極的に取り組むこと、問題解決のために行動する姿勢が重要であることなどが共通の認識とされる。

（2）環境教育をめぐる動きとその変遷

　国際社会と我が国における環境教育に関わる動きを整理し、表3-2（次ページ）に示した。

　世界の環境教育の理念は、1972年の国際人間環境会議（ストックホルム会議）の国際的協議を経て開催された環境教育専門家会議ワークショップ（1975年）のベオグラード憲章、環境教育政府間会議（1977年）のトビリシ宣言を基礎としている。

写真3-2　国連人間環境会議（1972年）

　国連人間環境会議（写真3-2）では「環境教育の目的は、自己を取り巻く環境を自己のできる範囲で管理し規制する行動を一歩ずつ確実にすることのできる人間を育成することにある」（勧告第96項）とされ、また、ベオグラード憲章（図3-1）では「どのような活動が人間の可能性の保護と向上を保証するか、そして、

図3-1　ベオグラード憲章の6つの目標

第Ⅲ編　自然環境の保全や再生に関わる地域的取り組みのあり方

表 3-2　環境教育・環境学習をめぐる主な動き [1)] をもとに作成

1972 年	国連人間環境会議（ストックホルム）：「人間環境宣言」の採択。世界環境デー（6月5日）の設定。
1975 年	国際環境教育ワークショップ：「ベオグラート憲章」の採択。
1977 年	トビリシ環境教育政府間会議：「トビリシ宣言」の採択。
1991 年	文部省「環境教育指導資料（中学校・高等学校編）」の発行。
1992 年	「国連環境開発会議」：「アジェンダ 21」に環境教育の重要性を盛り込む。
1992 年	文部省「環境教育指導資料（小学校編）」の発行。
1994 年	「環境基本法」の閣議決定。環境教育の総合的な推進を謳う。
1995 年	文部省「環境教育指導資料（事例編）」の発行。
1996 年	第 15 期中央教育審議会第一次答申（環境問題と教育）。
1997 年	「環境と社会：持続可能性に向けた教育とパブリック・アウェアネス」国際会議：「テサロニキ宣言」の採択。
2002 年	持続可能な開発に関する世界首脳会議（ヨハネスブルグ・サミット）の開催。日本は「持続可能な開発のための教育（ESD）の 10 年（DESD）」を提唱。
2003 年	「環境保全のための意欲の増進及び環境教育の推進に関する法律」（環境保全活動・環境教育推進法）の施行。
2005 年	「国連・持続可能な開発のための教育の 10 年（UNDESD）」を開始。
2007 年	国立教育政策研究所「環境教育指導資料（小学校編）」の発行。
2011 年	「環境保全のための意欲の増進及び環境教育の推進に関する法律」（環境保全活動・環境教育推進法）を「環境教育等による環境保全の取組の促進に関する法律」（環境教育等促進法）に改正。

どのような活動が生物・物理的環境や人為的環境と調和のとれた社会・個人の幸福を生み出すかを明らかにすること」とされている。我が国においても、こうした理念にもとづく環境教育がすすめられ、深化させてきた。

　文部省では、1991 年から 1995 年に、環境教育に関する指導資料、および、その事例集を発行し、1996 年には、第 15 期中央教育審議会の第 1 回答申（環境問題と教育）を表した。

　1994 年に閣議決定された環境基本計画では、環境教育・環境学習について、持続可能な生活様式や経済社会システムを実現するため、各主体が環境に関心を持ち、環境に対する人間の責任と役割を理解し、さらに、環境保全活動に参加する態度および環境問題解決に資する能力を育成することが重要であるとした。そして、幼児から高齢者までのそれぞれの年齢層に対して推進しつつ、学校・地域・家庭・職場・野外活動など多様な場において互いに連携を図りながら、総合的に推進するものとした。

また、環境教育・環境学習の推進に際しては

① 自然の仕組み、人間の活動が環境に及ぼす影響、人間と環境の関わり方、その歴史・文化等について幅広い理解が深められるようにすること

② 知識の伝達だけではなく、自然とのふれあい体験等を通じて、自然に対する感性や環境を大切に思う心を育てること

③ 特に子供に対しては、人間と環境の関わりについての関心と理解を深めるための、自然体験や生活体験の積み重ねが重要

であるとした。

　1997 年には「テサロニキ宣言」が出され、持続可能な社会の構築のためには環境教育が不可欠であることが示された。

　2003 年には、環境教育の推進に関する法律として、「環境の保全のための意欲の増進及び環境教育の推進に関する法律」が制定され、同法は 2011 年に「環境教育等による環境保全の取組の促進に関する法律」に改正された。この改正では、法の目的に協働取組の推進を明記し、「生命を尊ぶこと、経済社会との統合的発展、循環型社会形成等を加筆して基本理念の充実を図ったこと、地方自治体による推進枠組みの具体化、学校教育における環境教育の充実、自然体験等を提供する仕組みの導入」など 6 項目が盛り込まれ、自然との共生の哲学を活かし、人間性豊かな人づくりにつながる環境教育を、なお一層充実させることとしている。

　ESD については以下のような経緯である。1987 年の国連のブルントラント委員会で「持続可能な開発」の概念が取り上げられたことに端を発して、1992 年の「国連環境開発会議（地球サミット）」の持続可能な開発についての行動計画「アジェンダ 21」において、環境教育の重要性が盛り込まれた。2002 年に開かれた「ヨハネスブルグサミット」では、地球環境問題などさまざまな世界的課題の解決のために人づくりが重要であるとの認識から、我が国が「持続可能な開発のための教育（ESD）の 10 年（DESD）」を提唱し、同年の国連総会で 2005 年から 2014 年までの 10 年間を国連「ESD の 10 年」とすることが満場一致で採択された。ESD は、現在、各国で積極的に取り組みが行われている。

（3）環境教育における重要な視点

環境教育における重要な視点として、国立教育政策研究所教育課程研究センターは、持続可能な社会づくりの構成概念と学習指導で重視する能力・態度能力について、**表3-3** に示すように整理している。

表3-3 環境教育における重要な視点 2) をもとに表化

【持続可能な社会づくりの構成概念】	
① 多様性	自然・文化・社会・経済は、起源・性質・状態などが異なる多種多様な事物（ものごと）から成り立ち、それらの中では多種多様な現象（出来事）が起きていること。
② 相互性	自然・文化・社会・経済は、互いに働き掛け合い、それらの中では物質やエネルギーが移動・循環したり、情報が伝達・流通したりしていること。
③ 有限性	自然・文化・社会・経済は、有限の環境要因や資源（物質やエネルギー）に支えられながら、不可逆的に変化していること。
④ 公平性	持続可能な社会は、基本的な権利の保障や自然等からの恩恵の享受などが、地域や世代を渡って公平・公正・平等であることを基盤にしていること。
⑤ 連携性	持続可能な社会は、多様な主体が状況や相互関係などに応じて順応・調和し、互いに連携・協力することにより構築されること。
⑥ 責任制	持続可能な社会は、多様な主体が将来像に対する責任あるビジョンをもち、それに向かって変容・変革することにより構築されること。
【学習指導で重視する能力・態度】	
① 批判的に考える力	合理的、客観的な情報や公平な判断に基づいて本質を見抜き、ものごとを思慮深く、建設的、協調的、代替的に思考・判断する力。
② 未来像を予測して計画を立てる力	過去や現在に基づき、あるべき未来像（ビジョン）を予想・予測・期待し、それを他者と共有しながら、ものごとを計画する力。
③ 多面的・総合的に考える力	人・もの・こと・社会・自然などのつながり・かかわり・ひろがり（システム）を理解し、それらを多面的、総合的に考える力。
④ コミュニケーションを図る力	自分の気持ちや考えを伝えるとともに、他者の気持ちや考えを尊重し、積極的にコミュニケーションを行う力。
⑤ 他者と協力する態度	他者の立場に立ち、他者の考えや行動に共感するとともに、他者と協力・協同してものごとを進めようとする態度。
⑥ つながりを尊重する態度	人・もの・こと・社会・自然などと自分とのつながり・関わりに関心をもち、それらを尊重し大切にしようとする態度。
⑦ 進んで参加する態度	集団や社会における自分の発言や行動に責任をもち、自分の役割を理解するとともに、ものごとに主体的に参加しようとする態度。

（引用・参考文献）
1）相模原市：「環境学習ってなんだろう」、2015.6.8 参照
　URL< http://www.sagamihara-kng.ed.jp/01gakushu_shien/kanpuro/kanpuro1.pdf>
2）国立教育政策研究所教育課程研究センター（2012）：『学校における持続可能な発展のための教育（ESD）に関する研究（最終報告書）』

2. 環境学習の方法

環境学習を行うにあたっては、
1) 環境学習の場がどのようなところなのか
2) その環境学習がどのような趣旨で実施されるのか
3) 学習を受ける参加者がどのような属性（年齢等）の範囲であって、学習のプログラムがその属性の範囲に合致したものとなっているか

などについて、あらかじめ確実に把握しておく必要がある。

環境再生医が環境学習を行うときは、特に、以下の諸点に配慮して行う。

① 小さな生態系

環境問題では、地球レベルの大きな規模の生態系に関心が向きがちであるが、実際にわたしたちの環境を支えている地域の生態系は、窓際や校庭ビオトープのような小面積のもの、公園レベルの小規模のもの、地域の広域な緑地に支えられたもの、面積的には小さくてそれ自身では存立しないが連携して生態系を豊かにする飛び石状態のもの、緑道のように幅はないが長い延長の形状をもつものなどさまざまである。これらは、単独に、あるいは複合して、地域の生物多様性の向上に貢献するものであり、わたしたちの環境を具体的に豊かにすることができるものである。また、人々が関与したり、環境再生医が自然再生をするような生態系の大部分は、人々が立入らないような原生的なものではなく、人との関わりのなかで成立した生態系である。このようなことから、環境学習においては、「人と自然が一体化した小さな生態系」に着目していくことが重要である。

② ふるさとの原風景

自然環境と社会環境は人が生きるために欠かせないものである。良好な生態系とともに地域社会が健全なものであれば、地球全体に及ぶ環境問題も解決されるはずである。我が国では、自然環境と社会環境の基礎は、伝統的な農山漁村の暮らしにあった。そこでは、人は、自然に働きかけ、その結果として自然から恵みを得て、暮らしをたててきた。その生活は地域の生物生産（これを、バイオマスという）を

写真3-3　我が国固有の農山村の風景（事例）
静岡県「石部の棚田」での稲刈り

余すところなく利用するものであった。食料として、また、家屋、生活の道具、土木資材など原材料のすべてが生産され、消費されてきた。その結果、我が国固有の農山漁村の風景（**写真3-3**）が形成され、それは、わたしたちの原風景となって、人々の意識や社会のあり方に深く

影響を与えている。ふるさとの原風景は、地域の自然環境を再生するときの重要な指針である。

③ 地域コミュニティ

自然再生においては、「自然の再生」と「地域コミュニティの再生」を車の両輪としてすすめる必要がある。自然の再生では人と自然が一体化した生態系をめざし、地域コミュニティの再生では人と関わりのある生態系をめざす（**写真3-4**）。その具体的なイメージは「ふるさとの原風景」である。

近年の都市化、情報化社会の進展によって、これまでの地域コミュニティは希薄化している。たとえば、消防活動や道普請のような地域の生活を支える社会インフラの多くは行政や企業などが行うようになり、市民の手から離れ、地域のコミュニティを意識することは少なくなってきている。しかしながら、その一方で、高度な効率化や文明化・都市化は人々に疎外感を生み、生活に行き詰まり感を感じさせていることも事実である。現在の社会には、新しい地域コミュニティの再生が求められており、それは、環境再生をするときの重要な視点である。

写真3-4　人と関わりのある生態系（事例）
東京都「野川」で遊ぶ子供達

第3章
活動主体とそのリーダーのあり方

1. 活動主体としての専門的知識・経験の蓄積

　自然環境保全・再生に関わる非営利組織やNPO等の活動主体が自然環境の保全・再生を行う場合、自然再生にかかわる直接的な知識・能力と、組織経営の知識・能力の両方が必要となる。そして、その活動の主体となるリーダーには、企業活動と同様、リソース（ヒト・モノ・カネなど）をどう分配していくかを、組織の強みや社会動向を把握した上で総合的に判断する必要がある。

　なお、現在、収益事業に取り組みながら社会問題の解決を図るソーシャルビジネス（社会的企業）と呼ばれる活動形態もあるが、ここでは、主に財団・社団・NPO等の非営利組織を対象に、活動主体とリーダーのあり方について整理する。

（1）活動主体に求められること

　活動主体がどのような社会的課題を解決するために存在するのか、もしくは、どのような社会を創っていきたいのか、という組織の使命「ミッション」を明確にすることは、組織の存在意義を示すことであり、意思決定のよりどころとなる。表3-4は、組織経営における非営利組織と企業の違いを整理したものである。非営利組織（NPO）では、ミッションの達成のために存在しているので、存在意義の明確化と共有が重要なポイントである。

表 3-4 組織経営における非営利組織と企業の違い [1] を改変

項　　目	非営利組織（NPO法人）	企　　業（株式会社）
ガバナンス	意思決定機関と執行部が分離 理事会のうち3分の2を超える人は無給	意思決定機関と執行部が一体
組織の所有者	会　員（社会全体）	株　主
意思決定	ミッション主義	市場主義
目　　的	社会的価値の追求	経済的価値の追求
意思決定の原則	ミッションの遂行 （不特定多数の利益が目的）	株主利益の創出
利益還元	な　し （利益の再分配禁止＝非営利の原則）	あ　り
資金調達源	寄付、会費、助成金、補助金ほか	資本・投資家、補助金ほか
人材マネジメント	役員、職員、ボランティア	役員、社員、契約社員、アルバイト
税　　務	原則非課税（収益収入は課税）	原則課税
評　　価	社　　会	顧　客

第Ⅲ編　自然環境の保全や再生に関わる地域的取り組みのあり方

　活動主体のミッションが定まれば、ミッションを達成するための作業を行う。現在の組織運営では、こうした作業を PDCA サイクルにもとづいて実行している。PDCA は、Plan、Do、Check、Action のそれぞれの頭文字をとったものである。はじめに、活動主体の「ビジョン」・「ミッション」をもとに実施計画を定める（P：Plan）。つぎに、それを達成するための活動を行う（D：Do）。その活動が実施計画に対してどれだけ達成されたかを評価（C：Check）する。十分な成果が得られないと判断された場合は、改善のための活動（A：Action）を行う。評価の結果が十分であると判断されれば新しい実施計画を策定し次のステージに進む。PDCA は、活動主体が目的を達成するための基本的な手法であり、現在、多くの組織で活用されている。

(2) リーダーのあり方

　活動主体には、活動内容に関する知識・経験を持った人材と、団体の運営を行う人材が必要である。そして、リーダーはその両方の素養をバランスよく持ち、活動主体のミッション・ビジョン・事業計画・評価・改善を着実に進められる能力を備えている必要がある。

① 自然再生の知識・経験

　自然環境の保全・再生には多種多様な専門分野が関係している（表 3-5）。

表 3-5 自然環境の保全・再生にもとめられる代表的な専門分野

分　　　類	内　　　訳
学術・技術	農学、土木工学、生物学、生態学、環境倫理学、環境社会学、環境政策学、環境法、環境経済学、地質学、地理学など
活　　　動	企画・計画、設計、施工、維持管理、市民活動など

　環境再生医には自然再生を進めるための専門分野の知識・経験・情報、それらの包括的な視点が求められるが、さらに、どのような分野の専門家と協働するかを判断し、その橋渡しを行うことも重要な役割となる。自然再生に参画する多様な関係者（ステークホルダー）の意見の一致を図るコミュニケーション能力が求められる。

② 組織経営の知識・能力

　組織経営には、各種の経営資源（ヒト、モノ、カネ、情報など）が必要である。組織はこれらの経営資源を調達することになるが、調達したこれらの経営資源を効率よく稼働させ、組織の活動の方向性を正しく明示することが重要である。こうした責務を担うものが組織のリーダーである。

　組織のリーダーは、「非営利組織」を熟知しておくことが重要であり、そのための知識を学んでおかなければならない。具体的には非営利組織における経営戦略、組織論、マーケティングの 3 つの領域である。非営利組織におけるリーダーのあり方については表 3-6 を参照されたい。

表 3-6 「非営利組織の経営」におけるリーダーについて[2]を改変

●リーダーの役割、責任、備えるべき能力	1	リーダー自身と適合していなければならない。
	2	なされるべき課題と適合していなければならない。
	3	寄せられる期待と適合しなければない。
	4	人が自身の可能性をフルに発揮し、責任を果たし、自己実現できるように権限を委譲する。
	5	自己実現の機会、働きがいのある共同体の一員になる機会、意味あることに関わりを持つ機会を提供する。
	6	チームづくりのために、自分たちの仕事がなんであるかを伝え、適材適所で人を配置する。
	7	人の言うことを聞く意欲、能力、姿勢。
	8	コミュニケーションの意志、つまり自らの考えを理解してもらう意欲。
	9	言い訳をしない。
	10	個別的な問題と全体的な問題、短期的な問題と長期的な問題など、二つのもののバランスを取る。
●リーダーがしてはならないこと	1	決定する前に人と相談せず、自分のしていることとその理由は、誰にも明らかなはずだと思うこと。
	2	組織内の人の個性を恐れること。
	3	後継者を自分一人で選ぶこと。
	4	手柄を独り占めすることや、部下を悪く言うこと。
	5	仕事を中心に置かず、自分を中心に据えること。つまり、自らは仕事の従者にすぎないことを忘れることである。

(引用・参考文献)
1) 坂本文武（2004）:「NPOの経営」、『NPO経営の時代』、日本経済新聞社出版社
2) P.F.ドラッカー（2007）:「非営利組織の経営」、ダイヤモンド社

2. コミュニケーション能力の蓄積

　地域に入って仲間やそれ以外のさまざまな属性の人と自然環境保全や復元に関わる活動を行う際には、コミュニケーション能力が非常に重要であり、その能力を蓄積していく必要がある。
　本論では、協議会等の進行で必要となるファシリテーションと、自然体験プログラムの進行で必要となるインタープリテーションを代表としてコミュニケーション能力について述べる。

(1) ファシリテーション
　協議会などの組織ではメンバーの活動が容易にできるように支援し、うまくことが運ぶよう舵取りする必要がある。それをファシリテーションといい、その役割を担うものをファシリテーターという。ファシリテーターは進行役にあたる。
　ファシリテーションには一般的に次の4つのスキルが必要とされる[1]。

① 場のデザインのスキル

　まず、ファシリテーションは、何を目的にして、誰を集めて、どういう方法で議論するか、といった場づくりから始まる（共有のステップ）。メンバー間における目標の共有から協働意欲の醸成まで、共有のステップではファシリテーターによるチームとしてのまとめ方がその後の合意形成を左右するので重要なスキルである。

② 対人関係のスキル

　次に、チーム内において自由に思いを語り合い、あらゆる仮説を引き出しながら、チーム意識と相互理解を深めていく（発散のステップ）。ファシリテーターは、しっかりとメンバーのメッセージを受け止めると同時に、そこにこめられた意味や思いを引き出していかなければならない。具体的には、傾聴、復唱、質問、主張、非言語メッセージの解読など、コミュニケーション系（右脳系・EQ系）のスキルが求められる。

③ 構造化のスキル

　発散が終れば収束の段階になる（収束のステップ）。論理的にしっかりとした議論を行いながら、議論の全体像を整理して、論点を絞り込んでいく。図表を使った構造化の手法を用いて、議論を分かりやすい形にまとめていくことも多い（**写真3-5**）。こうした作業には論理的にものごとを整理する思考系（左脳系・IQ系）のスキルが求められる。構造化のツールをできるだけ多く頭の引き出しに入れておいて、議論に応じて自在に使い分けることが重要である。

写真3-5　図表を使った手法での話し合いの事例

④ 合意形成のスキル

　収束のステップを経て、論点が整理されてきたら、コンセンサスに向けて意見をまとめる（意思決定のステップ）。ここでさまざまな対立や葛藤が生まれ、意見がまとまらないことがある。そのため、対立・葛藤を回避するマネジメントスキルが必要となる。

(2) インタープリテーション

　インタープリテーションとは自然公園やミュージアム、その他社会教育の現場で行われる体験や地域性を重視した、楽しくて意義のある教育的なコミュニケーションのことである。1900年代の初め、米国の国立公園で始まり、現在ではさまざまな場所で取り組まれるようになった。自然公園やミュージアム、自然学校、エコツーリズムなどがインタープリテーションの主な場であったが、現在では、環境保全活動の現場でも活用されるようになっている。

インタープリターは参加者とその場所をつなぐ鎖の役目を果たす。インタープリターには、自分が担当する場所を熟知していることが求められる。自然史や文化史の知識を持ち、それが参加者にどういう意味を持つかを理解することが大切である。そのためには、自然科学および人文科学の基礎知識をはじめとして、現場の体験を通してしか得られない知識を知ることが重要である。インタープリターには自然からのメッセージを理解する能力をもつ必要がある。

インタープリテーションの内容をインタープリテーション・プログラムといい、インタープリテーション・プログラムは、表3-7のようなステップによって実施される[3]。

表3-7 「インタープリテーション・プログラム」のステップ

ステップ	内　　容
1	テーマの選定
2	ブレーンストーミングによるテーマのイメージや発展性の引き出し
3	テーマに関する詳細な調査
4	対象者の参加の目的等に合致したプログラミング

(3) 自然環境に関わるファシリテーターとインタープリターの実際

ファシリテーターやインタープリターは自分にふさわしいものを各自が作り上げなければならない。

表3-8 (次ページ) は、都市における緑地復元活動の事例分析から「①住民参加、②環境教育・総合学習、③いきもの、④専門家」という4つの視点において、ファシリテーターやインタープリターに必要な要件や運営手法について整理したものである[3]。

環境再生医　*109*

第Ⅲ編　自然環境の保全や再生に関わる地域的取り組みのあり方

表3-8　ファシリテーターやインタープリターに必要な要件や運営手法の例[3]

① 住民参加からの視点	1	誰でもが参加でき、いつでもやめられるような開放的なシステムか。
	2	楽しく参加できるように、きめの細かいイベントや催しなどを考えたか。
	3	喜び・生きがい・満足などを誰でもが得られるか。
	4	ボランティアを無料の労働力と思っていないか
	5	子供や高齢者あるいは障害者も、能力に応じて参加できるか。
	6	次々に生み出される元気な高齢者が参加しやすいか。
	7	健康・運動・レクリエーションなどに参加することが、参加者に貢献するか。
	8	参加しない周辺住民や考え方の異なる人達に認知され、理解や合意はあるか。
	9	参加する住民にはだれにでも公平で、真に公正な考えか。
	10	核になる人・事務局・世話人など、適正なボランティアリーダーがいるか
	11	専門的な知識を持つ相談役やアドバイザーはいるか。またはプロの専門家を雇えるか。
	12	近くにいる昔からの職人的な達人を仲間にできるか。
	13	仲間の中にいるさまざまな専門家や有能な人を、その活動の中で活用したか。
	14	何らかの補助や助成の金、または物の援助を検討したか（道具や材料の購入・専門家の雇用は通常補助の対象である）。
	15	同様な活動をおこなう他のグループと情報交換をし、連携・交流をしたか。
	16	次の世代への活動の持続・発展と、広く普及啓発のため情報発信をしたか
	17	事故対策はしたか。
② 環境教育・総合学習からの視点	1	環境教育とは、環境保全活動に参加し体験することで、徐々に積極的な行動に変わっていくものである、ということが実感できるか。
	2	誰でもが気軽に自由に参加できる環境教育システムとして、前項（住民参加）の視点が理解されたか。
	3	専門家・アドバイザー・達人等の教育指導者がいるか。また教育指導者を外部から呼べるか。
	4	昔からの職人的な達人を探し出し、指導者として仲間にできるか。
	5	仲間の中にいる、さまざまな専門家や有能な人を、指導者として活用できる仕組みがあるか。
	6	教育指導カリキュラムはあるか。
	7	楽しく体験学習できるか。
	8	無理に教えたり、早急に結論を出そうとしていないか。
	9	地域の小中学校の生徒や先生と連携したか。
	10	仲間の中から教育指導者を外部に派遣できるか。

環境再生医

③生きものからの視点	1	生きものの身になって考えたか。自分の都合で生物を利用していないか。
	2	生きものには自然界の中で各々の役割があり、それを保持するように計画を進めたか。
	3	生きものがある行動をとったとき、その行動には目的があることを理解したか。
	4	生きものが人に対し何かの害を与えた時、生きものには悪意が無く、原因は人にあることがわかるか。
	5	生きものの領域に入り込み、生きものの生活を壊していないか。
	6	あらゆる生きものとその行動を想定し、生きものが行動しやすくしたか。
	7	特定の生きものだけを対象、あるいは一部を除外するなどせずに、あらゆる生きものに配慮したか。
	8	単一で単調ではなく、多様で複合的、かつ多孔質な環境づくりをしたか。
	9	すべてを決定してしまうのではなく、柔軟で創造的な自由度を十分に残したか。
	10	可能な限りの追求はしなくてはならないが、同時に限界も知る必要があることを理解できるか。
④専門家からの視点	1	防災・防犯・ユニバーサルデザイン・住民参加・コスト縮減・リサイクル・環境教育・少子高齢化・地域性・自然共生など、さまざまな社会的要請に配慮したか。
	2	安全安心で快適かつ美的な環境になっているか。
	3	将来の維持管理・保守点検をより効率的に考えたか。
	4	想定された将来に向かって目標とする「人と自然のあり方」が明確か。
	5	目標とする「人と自然のあり方」を目指した環境管理計画や運営計画を、中長期的・経年的に立案したか。
	6	資源の再使用・再利用を考えたか。
	7	各種動植物の無言の要求を聞いているか。
	8	「自然との住み分け」が共存・共生の秘訣であり、「自然とのふれあい」では「共存・共生」ができないことを理解したか。
	9	自分があらゆる分野の専門家でありたいが、不得手な分野では必要な専門家を要請したか。
	10	自然を理解するための先生や先輩を探し、自ら自然のフィールドへ出て自然を体験したか。
	11	地元の市民運動・ボランティア活動を体験・参加したか。
	12	「社会の要請」の縮図である住民の意見に、常に耳を傾けているか。
	13	そのまま放置しておくと、そこがどうなるのかという土地の潜在力を理解し、それを活用した計画としたか。
	14	利用者を想定する時、人だけではなく、誘致できる生物の種類とその環境を検討したか。
	15	ゾーニングや動線計画をする時、人にとっての他に、生物にとってのゾーニングや動線計画を行ったか。
	16	すべてのものを利用者と考え、エコロジカルなユニバーサルデザインをおこなったか。すべてのものとは、社会的弱者(障害者・子供・高齢者・妊婦など)を含めた地域内外の住民や市民、さらにその場所に生息し、または今後生息する可能性のある、あらゆる生きものたちである。

ボランティアがフィールド活動を行う場合のインタープリテーションでは、参加者がどのようなボランティア活動を希望しているのかを理解することが重要である。一般に、ボランティアには重い役割や関わりを求めない方が多くの人が参加しやすいとされるが、一方ではより深く関わりたいという欲求を持つボランティアもいる。そうしたボランティアには、役割を与え、主体的な意識をもたせることが重要となる。企画から関わったり、イベント運営や事業活動などを行ったり、より深く参画してもらうことによって大きな達成感や充足感が得られるようになる。ファシリテーターとインタープリターは、ボランティアがその力と可能性を発揮できるように、さまざまな工夫を行うことが求められる（**写真3-6**）。

ボランティア活動の場合、「主（あるじ）と客」という関係がつくられがちであるが、そもそも、両者は同じ"市民"であり、同じ目的を持つ市民同士である。双方がともに"主体"であるので、参加者が「お客さん」にならず、自らが"主人公"になってさまざまな地域の環境問題に気づき、共有し、自らの力で解決しようとする意識を醸成することがファシリテーターとインタープリターには大切なことである[4]。

写真3-6　自然保全ボランティア活動の事例
　　　　（森の下草刈り・東京都）

（引用・参考文献）
1）堀公俊（2004）：「ファシリテーションに求められる技術」、『ファシリテーション入門』、日経文庫
2）キャサリーン レニエ、ロン ジマーマン、マイケル グロス、Kathleen Regnier、Ron Zimmerman、Michael Gross（1994）：『インタープリテーション入門』、小学館
3）有賀一郎（2002）：「ランドスケープコンサルタントにおけるファシリテータの役割と技術」、『公園緑地』、日本公園緑地協会、vol.62、pp.53-57
4）筒井のり子（2009）：「ボランティアコーディネーションの理解」、『市民社会の創造とボランティアコーディネーション』、筒井書房

第Ⅲ編　自然環境の保全や再生に関わる地域的取り組みのあり方

第4章 地域的取り組み活動の実際

1. 学校ビオトープ

(1) 現　状

　緑地の減少が著しい都市域において、学校ビオトープを活用した環境教育の果たす役割は大きく、環境教育の場として、学校の敷地内に学校ビオトープを創出する活動が多く見られるようになった。

　現状の学校ビオトープの整備状況を概観すると、池を中心とした水辺空間の再生の事例のほかに、学内プール、既存の観察地や樹林などを活用した多様なタイプがみられる（**写真3-7**）。構成要素では水田を導入したものが増えている。学校周辺の環境特性および学校ビオトープそのものの整備内容が、その学校周辺の緑地資源とのネットワークによって異なり、学校敷地の中で完結するビオトープではなく、地域環境との空間的・人的ネットワークがますます強く求められてきている。

写真3-7　学校ビオトープ事例
学校の外周緑地に周辺緑地とのつなぎの機能をもたせた事例（宮城県）

(2) 空間特性による取り組み

　ランドスケープから見た学校ビオトープのあり方として、学校周辺地域の生態系の多様性が低い場合には、学校ビオトープそのものの多様性を高めて、地域の拠点としての役割を担わせ、反対に学校周辺の生態系の多様性が高い場合には、学校ビオトープの多様性をあまり高くしなくても、地域の自然生態系の保全や向上に寄与する役割を担わせることが可能である。学校ビオトープの位置選定や整備内容に関して、学校敷地レベルでの緑地空間の総合的計画が進められている。

(3) 活用方策のあり方

　学校ビオトープを活用することで、子供たちは、自然・生物と触れ合う機会が増えて、興味、関心が高まり、生物に対する見方・考え方が深まったといえる。学校ビオトープは自然・生物を身近に体験することにより、自然・生物について学習する導入部の役割を果たしている。

　原体験の場の保障、生態系概念を基礎とした自然観の育成、地域の自然の保全・復元・創出への行動化、共生への意識の醸成、やすらぎ空間の創出、人と人のネットワークの形成など多

環境再生医　*113*

項目での活用を継続するには、「学校便りの発行」「掲示板の設置」「ホームページの作成」「授業等での発表の場」「地域施設での情報発信」など学内からの情報発信が非常に大切となる。

　学校ビオトープ活動に対し、教職員間でノウハウを共用し、多くの人に参加を促すことも重要である。学校ビオトープは、保護者や地域住民の理解は得られているが、整備後の時間経過にともなって、積極的な関わりが減少し、保護者や地域住民の興味や関心が薄れる傾向がある。子供、教師、保護者や地域住民が関心を持ち、楽しめるものにすることが、長く続けられて関わりを強化するうえで大切である。

(4) 維持管理のあり方

　学校ビオトープ活動を継続させていくための維持管理上の課題として、予算、時間の不足、中心となる教員の移動による他教員の関心の低下、活用に関する計画的取り組みの欠如などが挙げられる。現在、維持活動に関わる人としては特定の教職員、特定の児童が最も多く、学外の人の維持管理活動への関わりは少ない。保護者や、地域住民などは、維持管理活動に一度参加すると継続して参加する傾向があり、今後、学校、保護者、地域住民、関係機関等が連携・協働して活動を推進できる仕組みづくりを確立してゆく必要がある（写真 3-8）。

写真3-8　学校ビオトープの協働事例
地域の協力でできた学校ビオトープ
（岐阜県）

（引用・参考文献）
- 上甫木昭春、嶽山洋志（2009）:「検証・学校ビオトープ」、OMUPブックレット、No.24

2. グラウンドワーク

(1) 現　状

　グラウンドワークはイギリスを発祥とする。1980年代、イギリスで都市の衰退に伴い複雑な社会問題や環境問題が発生してきた。これらの問題を行政主導によるトップダウンの方法で対応しようとしたが、地域に住む住民の意向やニーズに配慮を欠いた方法では、根本的な問題解決の糸口がつかみきれなくなってきた。行政中心型のアプローチを極力排除して、行政依存ではなく、住民自立を基本路線とし、できるだけ民間の力による問題解決を志向しようとしたのがこのグラウンドワークである。標語を「地域を変え、生活を変える」として、衰退した地域社会の活性化をねらったプロジェクトである。グラウンドワークの存在意義は、地域の歴史や文化、誇りなどを手掛かりに、地域住民と対話をし、身近な環境改善からスタートし、徐々に住民が生活への自信や将来展望を取り戻せるようにすることにある。行政主導による企業誘

致などのトップダウン方式から比べると、グラウンドワークはボトムアップの方法で、コミュニティの成長を支援する方法といえる。日本では、「新しい公共」という概念で、行政がほぼ独占していた公共という領域をオープンにし、市民やNPOがより大きな公共役割を担える社会をつくりだそうとし、現在に至っている。

　日本で初めて、グラウンドワーク活動を導入したのは、「NPO法人グラウンドワーク三島」である。かつて水の都と呼ばれた三島市は、産業活動の活発化に伴う地下水の汲み上げによって湧水が減少し、市内を流れる川は汚れ、ドブ川となってしまった。このふるさとの環境悪化に問題意識を持った三島市内の8市民団体が、水辺自然環境の再生と復活を目指し、「グラウンドワーク三島実行委員会」を発足させて、特定非営利活動法人の認証を受け、多くの市民団体が参加したネットワーク組織とした。これまでに、ドブ川と化した源兵衛川の再生（**写真3-9**）、市内から姿を消した水中花：ミシマバイカモの復活、ホタルの里づくり、学校ビオトープの建設、住民主体による手作り公園の維持管理等、60カ所以上のプロジェクトを実践している。水辺の環境再生から小河川流域整備へと始まった活動は、地域再生、環境コミュニティビジネス、人材育成へと拡大している。

　山形県寒河江市においては、公園整備の活動を行うため、「NPO法人グラウンドワーク寒河江」の前身である寒河江研究会を設立し、その後に法人格を取得し、地域環境改善活動はもとより、環境教育活動、まちづくり団体への支援活動などを展開し現在に至っている。

　全国には、多くのグラウンドワーク活動団体があり、ネットワークを構築して情報交換を行い、ノウハウを共有しはじめている。

写真3-9　再生された源兵衛川の清流

（2）取り組みと展望

　一地域のグラウンドワークについて考えると、まず、地域住民、多種多様なNPO、行政、地域企業など地域に対して強い問題意識を持ち、地域生活の中において課題の解決のために具体的な取り組みをしている人たちとパートナーシップを形成することである。それぞれが、地域の中で何を望んでいるか、あるいは何を改革・改善したいと考えているかを的確に理解しながらパートナーとなることである。

　アプローチは、ボトムアップ方式とし、下から上にかけていく。何をしたいか、しっかりとしたミッションをつくり、活動の領域と対象（町内会、学区、あるいは団地など）を定める。そして、町内組織（町内の諸会、祭事、安全・消防、スポーツ、商店・飲食店、地元企業など）、議員、首長ほか行政関係者、そして各種NPOなど多種多様な団体と連携し、地域総参加の新しい協働の仕組みをつくる。その、先導・誘導役を期待されるのはNPOであろう。地域の中で、課題解決のための方法について議論を重ね、地域住民、企業、行政などの合意形成を得る。大

きな組織や大きな成果を早急に求めるのではなく、実績を積み上げながら、その中でお互いが必要不可欠の関係を築いていくことが大切である。組織は人で支えられていること、思いやりの心、共に助け合う意思が組織運営の中に加味されていないと、消滅していくことになる。

グラウンドワークの効果として、地域住民にとっては、地域環境を改善することができ、自らの地域にボランティア参加することで、愛着と満足を得ることができ、新しいコミュニティ形成にもつながる。企業においては、グラウンドワーク活動に参加することで地元住民からの信頼を得ることができ、CSR（企業の社会的責任）活動として地域へ貢献することができ、企業の人材育成にもつながる。行政にとっては、経費の低減はもとより、地域との連携が図られ、より地域に密着して効果的なまちづくりができ、地域住民の意識把握にもつながる。

グラウンドワークは、これからの地域創生において、ますます取り入れられるプロジェクトとなるであろう。

3. 里地里山保全

(1) 現　状

日本の里地里山は国土の約4割を占める。里地里山とは、原生的な自然と都市の中間に位置し、集落とそれを取り巻く二次林、それらと混在する農地、ため池、草原などで構成された地域をいい、農林業に伴うさまざまな人間の働きかけを通じて形成・維持されてきた（**写真3-10**）。

里地里山は、特有の生物の生息・生育環境として、また、食料や木材の自然資源の供給、良好な景観、文化の伝承の観点からも重要な地域である。生物多様性の保全上重要な役割を担っ

写真3-10　里地里山の事例
里山林と隣接する田園風景（広島県）

ており、都市周辺の身近な自然との触れ合いの場としても欠かせない地域である。

しかし、里地里山の多くは人口の減少や過疎化の進行による管理放棄、産業構造の変化や、都市近郊での開発等による土地利用転換が進むなど、里地里山の消失や質の低下が顕在化している。里山林や野草地などの利用を通じた自然資源の循環が少なくなることで、大きな環境変化を受け、里地里山における生物多様性は、質と量の両面から劣化が懸念されている。

(2) 取り組みと展望

里地里山の保全活動を始めようとするときの、一般的な手順を以下に示す。
　①取り組む地域対象範囲を決め、推進する実施体制を検討する
　②計画策定のための地域の里地里山の事前調査（里地里山調査、自然環境調査、社会環

境調査、課題の整理など）を行う
③ 試行（試しの活動）と検討をくり返し、課題解決と目標の検討を行う
④ 保全目標の設定と計画策定を行い、推進体制を整える
⑤ 自然環境の評価（モニタリング）と社会的な評価をしながら進めていく

　里地里山の中核をなす全国の二次林は、植生によりミズナラ林、コナラ林、アカマツ林、シイカシ萌芽林の4つのタイプに分類され、その自然特性等に応じて取扱が異なってくる。また、かつては身近にいたメダカやギフチョウなどの絶滅危惧種の生息地域の5割以上が里地里山にあり、生物多様性の保全上でも重要な場となる。さらに、自然観察や、維持管理活動など里地里山におけるふれあい活動は、主に都市近郊に集中しており、都市住民の里地里山に対するニーズが特に高い。これらの特性を持つ里地里山の保全活動の取り組みには、持続可能な資源利用、伝統的な手法による里地里山の利用・管理、都市住民や企業などの多様な主体の参加などがキーポイントとなり、生物多様性、景観、文化、教育、資源利用などさまざまな観点からとらえられた活動が求められている。

（引用・参考文献）
- 丸山徳治、宮浦富保（2007）：『里山学のすすめ』、昭和堂

4. グリーン・ツーリズム

(1) 現　状

　現在、農山漁村の多くの市町村では過疎化や高齢化が進み、農林水産業が停滞し、地域の活力の低下が深刻になっている。その一方で、都市住民は、日常生活の中で失いがちな、ゆとりや安らぎを求め、自然豊かな農山漁村地域を訪れる人が増えている。この状況を背景に、都市住民などが農山漁村の自然、文化、人々との交流を楽しむ滞在型の余暇活動であるグリーン・ツーリズムを通じて、地域の活性化を推進しようとする試みが全国各地で盛んに展開されてきている（**写真3-11**）。

写真3-11　グリーン・ツーリズムの事例
（収穫体験後に地元のお祭りに参加・埼玉県）

　グリーン・ツーリズムは農山漁村地域にすでにある資源を、地域の人の知恵で有効に活用することが基本で、新たに大規模施設などをつくらなくてもできるため、財政の厳しい時代における地域の活性化に最適な方法といえる。しかし、我が国の農林漁業体験民宿は民宿業として各種法制度に適合させるために家への改造費がかかりすぎることや、農家の多忙と永続性、そして泊り客が独自に遊べる自立性の欠如などに問題が残る。体験の世話など手間がかかりすぎているのも現実である。

第Ⅲ編　自然環境の保全や再生に関わる地域的取り組みのあり方

　地域において都市住民との交流を行うには、地域ぐるみの体制が必要で、優れた人材の確保に加え、地域の関係者の合意のもとに役割分担を明確にすることが重要である。ここでも、地域コミュニティの醸成、地域づくりへの積極的な関与が NPO 等に期待されている。グリーン・ツーリズムは地域の活性化とともに、高齢者の生きがいを助長するなどさまざまな利点も挙げられている。

（2）取り組みと展望

　グリーン・ツーリズムの活動は、まず地域が活性化できることを地域の住民に理解してもらうことから始まる。一般的には、以下のようなステップで進める。

① 講演会やフォーラム（公開討論会）などを開催して住民を啓発し、研究会などの活動への参加を呼びかける

② 研究会または推進協議会を立ち上げ、その地域に適したグリーン・ツーリズムの研究、地域内資源の掘り起こし、活かせる資源のピックアップと活かし方の研究を行う

③ 推進組織体制・推進基本方針、受入態勢等の討議を行う

④ 体験資源の整理と料金の設定と指導者の検討を行う

⑤ グリーン・ツーリズムテストイベントを計画・準備・実施する

⑥ テストイベントの評価と反省を行う

⑦ 今後の実践活動計画の策定・活動計画の討議などを行なう

研究会の活動がある程度進んだ段階で、同じような環境の地域で、発想のよく似たグリーン・ツーリズム受入事業を進めているところの視察調査を行い、先方と懇談し、本音の苦労話や仕掛け方の秘訣を教わる。最後に推進基本計画をまとめ、実践へと進んでいく。

　グリーン・ツーリズムの種々の例について、**表 3-9 ～ 3-11** に示す。

表 3-9　**日本ですでに実践されている各地のグリーン・ツーリズムのタイプ**

都市近郊日帰り型	大都市周辺部で、日帰りを基本とし気軽に農林漁業・農山漁村資源を体験できるグリーン・ツーリズム。横浜：寺家ふるさと村、愛知：足助村など
週末滞在型	大都市中心部から2時間前後の距離にある地域で週末滞在して農業・農村に親しんでもらうグリーン・ツーリズム。簡易宿泊施設付き市民農園（クラインガルテン）など
交流型	姉妹都市、友好都市間の行政間の交流、都市部と農村部の学校交流、消費者と生産者の交流、農協と生協の交流などによるグリーン・ツーリズム。小中学生のホームスティ、キャンプ、山村留学など
体験資源こだわり型	体験資源にこだわりを持ち、特徴をもった活動によるグリーン・ツーリズム。牧場体験、農業体験、山村生活体験など
その他	民間法人によるグリーン・ツーリズム。農事組合法人、有限会社、株式会社など

第Ⅲ編　自然環境の保全や再生に関わる地域的取り組みのあり方

表 3-10　グリーン・ツーリズムの受け入れ方

1	個人農林漁家による受け入れ
2	集落などの限定地域による共同受け入れ
3	有志グループによる共同受け入れ
4	行政・第三セクターなどによる受け入れ
5	市町村全域での受け入れ
6	民間事業・企業による受け入れ　など

表 3-11　体験メニューの事例

農林漁業作業体験	田植え、稲刈り、農耕・収穫作業、牛の世話、森林作業、漁師体験、しいたけ・なめこの植菌、網おこし、地引網など
収穫体験	野菜・果実収穫体験（サツマイモ、ジャガイモ、ブドウ、リンゴ、ブルーベリー、イチゴ、カキ、クリ、サクランボなど）、山菜採り、きのこ狩り、渓流釣り、たけのこ狩り、ヤマメ・イワナつかみどり、鮭の一本吊りなど
農林水産加工体験	そば打ち、うどん打ち、餅つき、パン、豆腐、こんにゃく、手もみ茶、ハーブ加工、炭焼き、おやき、ジャム、アイスクリーム、バター、ソーセージ、天然塩、みそ、イワナの燻製づくりなど
食体験	田舎汁、ふるさと料理、すいとん料理、芋煮会、野草料理、魚お造り体験、どんぐり食など
農村工芸体験	わら細工、つる細工、竹細工、陶芸、紙すき、木工細工、繭玉クラフト、草木染、ハーブ染、手織り、押し花アート、自然草木アレンジ、ガラス工芸、丸太材クラフト、小枝のフォトフレーム、どんぐりペイント、ストーンペイントなど
スポーツ体験	乗馬、カヌー、ラフティング体操、クロスカントリー、夏スキー、山麓ハイキング、雪原散歩、スノーボード、マウンテンバイク、冬山ウォーク、雪遊び、トレッキング体験など
自然観察	バードウォッチング、森林植物・水草・星・ホタル観察、昆虫探しなど
その他の体験	砂金採り、洞窟探検、縄文文化、古代むら、昔の遊び、鎧武者・座禅・茶道などの体験、太鼓練習など
体験宿泊	そば打ち体験、手すき和紙体験、陶芸体験、たけのこ掘り、酪農、炭焼き、地引き網、縄文時代体験宿泊など

環境再生医

余暇時間の増加、娯楽志向の多様化、物の豊かさより心の豊かさを求める傾向から、娯楽にもゆとりと潤いが求められ、ゆっくり体験交流する活動へと人々の気持ちが移ってきている。また、都市の教育現場からは、心の教育・子供の情操教育としても注目されており、グリーン・ツーリズムが都市住民の間に徐々に浸透し始めている。

(引用・参考文献)
- (財)都市農山漁村交流活性化機構農山漁村文化協会(2006):『地域ぐるみグリーン・ツーリズム運営の手引き』

5. 都市緑地再生

(1) 現　状

　都市の緑地は、地震時の避難地、火災の延焼防止、建物の倒壊防止、避難路の確保、防災活動の拠点、復旧や復興の拠点等の役割を果たし、洪水調整、土砂流出の防止、津波の対する防備林、緩衝地帯としての機能も有し、安全で安心できる都市生活の確保の観点からも必要とされている。また、1994年の都市緑地保全法改正において、緑地保全地区の指定要件に、「動植物の生息地又は生育地として適正に保全する必要があること」が追加された。

　このような、都市における身近な地域の緑の保全や、自然との触れ合いの場としての活用に対するニーズの高まりを受けて、樹林地・屋敷林・草地などの良好な民有緑地を、土地所有者からの申し出により地方公共団体が管理し、住民に開放する市民緑地制度が創設されている。さらに、土地所有者に代わって緑地を管理する管理協定制度ができ、「緑地管理機構」となりうる団体にNPO法人などが加えられ、緑地保全地区の管理と活用に関する総合的な制度の拡充が図られている。

　ヒートアイランド現象が著しい大都市部等にあっては、人工化された地表面被覆の改善等の観点から、都市部の気温低減に寄与する緑化の必要性が強く指摘されるようになった。しかし、高度・高密な土地利用が進んだ既成市街地等では、都市公園の整備等によるまとまった緑地の新たな創造は難しい。そのため、建築物の新改築にあわせた屋上緑化など、限られた敷地空間を有効活用し、都市の良好な環境の保全・創出に寄与する取り組みが行われている（**写真3-12**）。

　また、重要な緑地の保全や、土地所有者等の発意による緑地の創出が進められている。その形は、ビオトープづくり、都市臨海部での自然海岸や干潟の再生、市民参加による樹林地の創出などさまざまである。

写真3-12　都市の建物(公民複合施設)への緑化ステップガーデンの事例(福岡県)

（2）取り組みと展望

　都市緑地の保全・創出は住民にとっての身近な生活環境の確保の観点のみならず、地球温暖化の抑制、ヒートアイランド現象の緩和、生物多様性確保に貢献している。また、都市緑化による省エネルギー化や環境負荷の軽減、さらに嫌われ施設となる廃棄物処分場跡地や工場・事業所の積極的な緑化による地域への貢献も重要である。

　将来的に予測される人口の減少と都市成熟化の時代に向け、これまでの新規整備中心の都市政策から、既存ストックの利活用や再生を中心とした転換の時を迎えている。既設の公園や工場・住宅団地の緑化、あるいは法面などの多くの緑化空間は、造成後、ある程度の年数が経過し、当初の緑地や緑化空間に課せられていた機能が植物の茂りすぎや生育不良等により期待できなくなってきており、積極的にリニューアル、再緑化する必要が生じている。今後期待できる緑化として、建築構造物や土木構造物での壁面緑化や、屋上緑化が挙げられる。都市内を走る鉄道敷の緑化空間利用も可能性を残している。

　公園づくりのワークショップ、市民グループによる里山管理、NPO 法人による市民緑地管理など、緑地を介在した市民参加運動は、気軽に参加でき、参加した成果がわかりやすく、魅力が多いなど、参加者からの高い評価をうけ、市民参加の推進、コミュニティ再生の推進に寄与することになるであろう。

　われわれ都市緑地保全・再生の活動主体が、生態系ネットワークの構築を目指した自治体レベルでの計画などに関与する一方で、小さな規模の緑地に至るまで、その存在の必要性を訴えていくことが重要である。

（引用・参考文献）
- 講談社（2006）：『都市空間を多彩に想像する屋上緑化＆壁面緑化』

あとがきに代えて

「協働のまちづくり」が語られるとき、しばしば参考例にあがるのが、英国で行われてきたナショナル・トラスト（1895年～）、シビック・トラスト（1957年～）、グリーン・ツーリズム（1980年～）等である。

そして、これらの実効性を担保する法制度として、アメニティ法（英国・1907年～）が存在する。我が国では、アメニティといった個人の感情にかかわることまでをカバーする法律はないといってよい。しかし、国民が営々とつくり上げてきた環境資産という観点に立てば、長く継承されてきた自然環境や農村の風景、古民家や土木建築物など、生活空間の一部を形成し住民に愛され親しまれてきた身近な環境は、かけがえのない価値を持っていることに気づかされるであろう。

われわれ自身、子ども時代に水遊びした小川や農業用水路がコンクリート化され、蓋かけがなされる時、また、友と虫捕りなどで遊んだ木立ちなどが伐採され、やるせない思いをした経験などを多少なりとも持っている。おそらく、経済発展のためにはやむを得ないことと、あきらめさせられていたのである。

ところで、仮に"ひと昔前"はそうであったとしても、今日でもなお、街中の身近な自然がつぎつぎに失われつつあるのはどうしたことか。たとえば、50年ほど前に建った公営の低層住宅団地の草むらや木立ちは、子どもたちにとって格好の遊び場であり、また子どもと母親を中心としたコミュニティもそれなりにできていた。そうした施設がいとも簡単に撤去され、民間マンションに変ぼうしていく。この経済環境を野放しにしていれば、人口減少時代に入ったとはいえ、永遠に緑地は減少していく。こうした動向に歯止めはかけられないものだろうか。

ここで、宅地化が進む横浜市港北区の里地里山環境を残す地域において、マンション開発から農村環境を守った事例を述べてみたい。そこは恩田の谷戸といって、昔から湧水と「しぼり水」による小川が流れ、ゲンジボタルの生息地だった。それに限りない愛着心を持つ近隣住民が谷戸を守る会を結成し、水路・里山の保全から農家の手伝いまで、長年ボランティア活動で取り組んできたのである。谷戸を守る会の代表によれば、農家と住民が協力して谷戸の自然環境を守っている姿を常にアピールしていれば、不動産業界の人たちも、そこには入ってきにくいという。これを土地と人々のもつ誇り（Pride of Place）といってよいだろう。つまり、地権者（農家）が近隣住民と連携することによって、その土地と環境のもつ素晴らしさ（アメニティ）を再認識する結果となり、土地の売り渡しをあえて断念し、農的自然環境は守られているのである。ちなみに、イギリスのシビック・トラストの理念は Pride of Place であった。古きよき自然環境や生息する生きものたち、および、それら全体を包み込む里山の風景は、かならずや将来世代への無上の贈り物になるであろう。

我が国もアメニティ法のような法体系をつくり、そうした法のもとで、市民目線を尊重した品格ある地域づくりを目ざすべき時代にきたのではないか。われわれ環境再生医には、そのようにして環境価値を高める活動に寄与していくことが望まれるのである。

なお、わが国にはアメニティ法に比較的近い法律として、文化財保護法、文化財保護法に規

定された伝統的建造物群保存地区、景観法、自然再生推進法などがあるが、近年の経済効率を最優先した政策ではなく、これらの法律の効力をより高めることによって、市民目線の環境と経済の関係をバランスよくコントロールしていくことが必要だと思うのである。

最後に、自然環境復元協会の創設者であり元理事長でもあった、故杉山惠一氏が遺された主要なメッセージを、「環境再生医公式テキスト・第2版（改定版）」より以下に抜粋し、永く継承していきたいと思う。

■ひとつの学としての確立

自然環境の再生はきわめて多様な知識・技術を必要とするものである。それは、地球環境の危機、実際には人類滅亡の危機を回避すべく、従来人類が蓄えてきた知識・技術を統合することにほかならない。生態学は生態系の概念に基づく学であるため、自然再生にとって中心的な知識体系である。一方、自然は同時に文化の源泉であるということを忘れるべきではない。逆に、文化の中に存在する自然再生に有利な思想・宗教・習慣についての考究も、なされなければならない。そしてまた、自然再生を実行すべき人間社会のあり方についても、さまざまな人文学の成果を再構築するとともに、新規の実験を積み重ねてゆく必要があるであろう。

「自然環境再生学」とは、「健全な地球生態系と人類の存続を目的とし、既存のあらゆる学を統合した人類最後の学」と定義してよいであろう。

■人間の内面との関連性の追求

自然環境の復元・再生が、当初広範な市民運動として成立し、学者・専門家・行政がようやく本格的な取り組みを始めた後においても、その運動がさらに発展しつつあることは、この運動が単に技術的な問題としてではなく、人間の内面にもかかわるものとして意識され続けてきたことにある。それは、この運動に含まれる哲学・宗教・芸術的側面である。1990年代初頭、水辺の復権、里山管理、ビオトープ作りなどが開始されたころ、人々の関心はその技術的側面にのみ向けられていた。その方面での進展は、国際的な「地球環境危機」の認識の高まりとともに、各種国際条約の締結があり、我が国でもそのほとんどが批准された関係上、「生物多様性」の保全に関しても、行政によってさまざまな事業が実施されるようになった。つまり、1990年初頭の市民運動の主張が実現されたといってもよい。このことは、1970年代の自然保護団体の主張が、1990年頃までに受け入れられた状況を想起させる。そして、その状況からさらに自然復元運動が生まれたのであるが、今後のわれわれの前衛的関心は、自然再生の技術的側面から、自然と人間の内面とのかかわりに向けられることになるであろう。

■「あとがきに代えて」より

本協会活動のもうひとつの方向性として、自然とわれわれ個人とのかかわりについて、今後考察を深めることが必要とされるであろう。自然と人間のかかわりに関しては、心の問題がと

りわけ重要であるように思われる。最近、少年や若者に不可解な心理状態による重大犯罪を引き起こす者が多くみられ、社会問題化しているが、これらには、心の自然性が失われれていることと、幼児期からの自然体験の欠如とが関係しているように思えてならない。極端な例は別としても、現在、国民のあいだに蔓延する「うつ」的状況も、自然との接触の少なさと関係があるかもしれない。そして今後、もし国民が農山村の生活を選択していく、という流れができるとすれば、それはやはり、人間が自然とのかかわりを求める、ごく当たりまえの人間らしい行動と捉えてよいかもしれない。

　いずれにしても、従来、技術面にかたよってきた自然復元運動を、人間性復活とのかかわりにおいて考察し、なんらかの行動に移すことが重要な課題となるであろう。

認定 NPO 法人　自然環境復元協会

理事長　加藤　正之

「環境再生医」編集委員名簿

編集委員長

小 口　深 志　　前田建設工業株式会社　技術研究所

編集委員

糸 長　浩 司　　日本大学　生物資源科学部　生物環境工学科

井 上　國 博　　株式会社創建企画

加 藤　正 之　　有限会社地域環境プランナーズ

河 口　秀 樹　　認定NPO法人自然環境復元協会

春 田　章 博　　株式会社環境・グリーンエンジニア

山 岡　好 夫　　玉川大学　農学部　生物環境システム学科

(五十音順)

「環境再生医」執筆者名簿

有 賀　一 郎　　サンコーコンサルタント株式会社 事業本部　　　　(第Ⅱ編第4章)

糸 長　浩 司　　日本大学　生物資源科学部　生物環境工学科　　　(第Ⅱ編第2章)

井 上　國 博　　株式会社創建企画　　　　　　　　　　　　　　　(第Ⅲ編第4章)

奥 田　進 一　　拓殖大学　政経学部　法律政治学科　　　　　　　(第Ⅰ編第4章)

小 口　深 志　　前田建設工業株式会社 技術研究所　　(第Ⅰ編第1・2章、第Ⅱ編第1章)

加 藤　正 之　　有限会社地域環境プランナーズ　　　　　　　　　(あとがき)

河 口　秀 樹　　認定NPO法人自然環境復元協会　　　(まえがき、第Ⅲ編第1・3章)

木 内　勝 司　　有限会社木内環境計画事務所　　　　　　　　　　(第Ⅱ編第3章)

立 川　周 二　　元 東京農業大学　農学部　　　　　(第Ⅰ編第3章、第Ⅱ編第1章)

春 田　章 博　　株式会社環境・グリーンエンジニア　　　　　　　(第Ⅲ編第2章)

山 岡　好 夫　　玉川大学　農学部　生物環境システム学科　　　(第Ⅱ編第1・2章)

渡 辺　　彰　　よこはま水辺環境研究会　　　　　　　　　　　　(第Ⅱ編第3章)

(五十音順)

環境再生医
第3版
―環境の世紀の新しい人材育成を目ざして―

2015 年 8 月 10 日　第 1 刷 発行
2024 年 4 月 5 日　第 4 刷 発行

編　　著 ：　認定 NPO 法人自然環境復元協会

発 行 者 ：　波田幸夫

発 行 所 ：　株式会社環境新聞社
　　　　　　〒160-0004　東京都新宿区四谷 3-1-3 第 1 富澤ビル
　　　　　　TEL.03-3359-5371　FAX.03-3351-1939
　　　　　　http://www.kankyo-news.co.jp

印　　刷 ：　株式会社平河工業社

※本書の一部または全部を無断で複写、複製、転写することを禁じます。
©環境新聞社　2015　Printed in Japan
ISBN978-4-86018-300-4 C3040　定価はカバーに表示しています。

本書中において、刻々と変化する事項（法制度や世界動向など）につきましては、本資料にて補填します。

● 追加資料 編

【環境再生医】第3版

● **18 ページ 「表 1-1」追加文**

表 1-1 自然環境に関わる地球環境問題の変遷

2012 年：リオデジャネイロ地球サミット（リオ+20）

★↑上記以降に追加

2014 年：愛知目標中間評価（生物多様性 COP12*（韓国・ピョンチャン））

2015 年：「SDGs」（「持続可能な開発のための 2030 アジェンダ」を採択する国連サミット）

2015 年：パリ協定（気候変動枠組条約 COP21*）

2016 年：カンクン宣言「生物多様性の主流化」（生物多様性 COP13*（メキシコ・カンクン））

2020 年：愛知目標評価「20 のうち達成は 0（6 つが一部達成）」（生物多様性条約(CBD)事務局）

2021 年：ポスト 2020 生物多様性枠組の採択に向けた昆明宣言（生物多様性 COP15*（中国・昆明）第一部）

2022 年：COP15 にて「昆明・モントリオール生物多様性枠組み」採択、30by30 他 23 の目標設定

*COP：締約国会議（Conference of the Parties）

● **20 ページ 「表 1-2」追加文**

表 1-2 国連における森林問題への取り組み

2001 年〜 UNFF（国連森林フォーラム）開設

★↑上記以降に追加

2015 年 UNFF11 にて UNFF の枠組強化と 2030 年までの延長を決定
（中間評価：2024 年、最終評価：2030 年の予定）

2018 年 UNFF13 にて森林と関わりの深い SDGs のゴールの達成に向けたとりまとめ
（2020 年までにあらゆる種類の森林の持続可能な経営の実施を促進）

2020 年 FAO（国際連合食糧農業機関）による「世界森林資源評価 2020」実施

2022 年 UNFF17 にて「国連森林戦略計画（UNSPF）2017-2030」について、
各国の取組状況をまとめた前年報告書を踏まえた取り組み議論

● **30ページ 「表1-5」全体を★下記表に差し替え**

表1-5 我が国における自然環境の保全と生物多様性および動植物の保護等に関わる法律等

西暦年	法律等名称
1992	「絶滅のおそれのある野生動植物の種の保存に関する法律（種の保存法）」（制定）
1995	「生物多様性国家戦略」（策定）
1997	「環境影響評価法」（制定）
2002	「新・生物多様性国家戦略」（策定） 「自然再生推進法」（制定） 「鳥獣保護及狩猟ニ関スル法律」が改正され、「鳥獣の保護及び狩猟の適正化に関する法律（鳥獣保護法）」に改称される。 「自然公園法」（改正）
2003	「遺伝子組換え生物等の使用等の規制による生物の多様性の確保に関する法律（カルタヘナ法）」（制定）
2004	「景観法」・「景観法の施行に伴う関係法律の整備等に関する法律」・「都市緑地保全法等の一部を改正する法律（都市緑地法）」（総称して「景観緑三法」という）（制定・改正） 「特定外来生物による生態系等に係る被害の防止に関する法律（外来生物法）」（制定） 「文化財保護法」（従来の「天然記念物」等の他に、新たに「文化的景観」の指定）（改正）
2006	「鳥獣の保護及び狩猟の適正化に関する法律（鳥獣保護法）」（改正）
2007	「第三次生物多様性国家戦略」（策定）
2008	「生物多様性基本法」（制定）
2009	「自然環境保全法」（改正） 「自然公園法」（改正）
2010	「生物多様性国家戦略2010」（策定）（法定計画）
2012	「生物多様性国家戦略2012-2020」（策定）（閣議決定）
2013	「絶滅のおそれのある野生動植物の種の保存に関する法律」（種の保存法）（改正） 「特定外来生物による生態系等に係る被害の防止に関する法律（外来生物法）」（改正）
2014	「鳥獣の保護及び狩猟の適正化に関する法律」が改正され、「鳥獣の保護及び管理並びに狩猟の適正化に関する法律（鳥獣保護管理法）」と改称される。 （第一種特定鳥獣保護計画および第二種特定鳥獣保護計画を都道府県知事が策定し、さらに希少鳥獣については環境大臣が計画を策定する制度を導入）
2017	「遺伝子組換え生物等の使用等の規制による生物の多様性の確保に関する法律（カルタヘナ法）」（改正） 「絶滅のおそれのある野生動植物の種の保存に関する法律（種の保存法）」（改正）
2019	「自然環境保全法」（改正）
2021	「自然公園法」（改正）
2022	「特定外来生物法」（改正） ※注記：2023年6月1日よりアカミミガメおよびアメリカザリガニが「条件付特定外来生物」に指定され法規制の対象となった。

● **35 ページ 「表 1-6」全体を★下記表に差し替え**

表 1-6 自然環境の保全活動等に関わるその他の法律等

西暦年	法律等名称
1997	「河川法」（改正）
1998	「特定非営利活動促進法（NPO 法）」（制定）
1999	「食料・農業・農村基本法（新農基法）」（農業基本法を改正のうえ法令名を改める） 「海岸法」（海岸管理者の設置等）（改正）
2001	「森林・林業基本法」（林業基本法を改正のうえ法令名を改める）
2002	「特定非営利活動促進法（NPO 法）」（改正）
2003	「環境の保全のための意欲の増進及び環境教育の推進に関する法律（環境保全活動・環境教育推進法）」（制定）
2005	「湖沼保全法」（改正）
2009	「海岸漂着物処理推進法」（制定）
2010	「緑と水の環境技術革命総合戦略」（策定） 「地域資源を活用した農林漁業者等による新事業の創出等及び地域の農林水産物の利用促進に関する法律（六次産業化・地産地消法）」（制定） 「公共建築物等における木材の利用の促進に関する法律」（制定）
2011	「環境教育等による環境保全の取組の促進に関する法律（環境教育等促進法）」（改正）
2012	「特定非営利活動促進法（NPO 法）」（改正）
2014	「水循環基本法」（制定）
2016	「特定非営利活動促進法（NPO 法）」（改正）
2017	「森林法」（改正）
2018	「森林経営管理法」（制定）
2019	「国有林野の経営管理に関する法律」（改正）
2020	「特定非営利活動促進法（NPO 法）」（改正）
2021	「水循環基本法」（改正） 「流域治水関連法」（制定）※ ※注記 「流域治水関連法」の制定により、関連する９法令（①特定都市河川浸水被害対策法、②河川法、③下水道法、④水防法、⑤土砂災害警戒区域等における土砂災害防止対策の推進に関する法律、⑥都市計画法、⑦防災のための集団移転促進事業に係る国の財政上の特別措置等に関する法律、⑧都市緑地法、⑨建築基準法）が一部改正された。

● **48 ページ 「表 2-2」追加文**

表 2-2 我が国における自然環境に関わる事項の経緯(環境全般に関わる事項との併記)

年代	自然環境に関わる事項	環境全般に関わる事項
1990-	生物多様性国家戦略 2012-2020 の設置(2012)	再生可能エネルギーの固定価格買取制度の開始(2012)
	★↑上記以降に追加	★↑上記以降に追加
	ISO14001 改定による「生物多様性の義務化」(2015)	気候変動枠組 COP21 におけるパリ協定の採択(2015)
	SDGs の採択を受け、経団連が生物多様性の主流化に向けた「生物多様性宣言・行動指針」の改定(2018) 〔サプライチェーンのすべての過程での生物多様性への配慮や、気候変動対応を含めた統合的な企業経営などを促す〕	SDGs(持続可能な開発目標)の発効・採択(2015)
	自然再生協議会の全国取り組み状況:26 件、自然再生事業計画策定:45 件(2019 年度時点)	マイクロプラスチックによる生態系影響問題の顕在化(2018)
	第 1 回 次期生物多様性国家戦略研究会開催(2020.1)	気候変動対応法の施行(2018)
	再生エネ事業への環境アセス簡素化に関する温暖化対策推進法改正(2021.6)	2050 年カーボンニュートラル宣言(2020.10)
	UNDB-J の後継組織として「2030 生物多様性枠組実現日本会議(J-GBF)」を設立(2021.11)	循環経済(サーキュラーエコノミー)パートナーシップ(環境省・経団連)が発足(2021.3)
	自然共生サイト(環境省)実証事業を開始(2022)	プラスチックに係る資源循環の促進等に関する法律の施行(2022)
	生物多様性のための 30by30 アライアンス(産民官の 17 団体)が発足(2022.4) 〔「30by30」とは、2030 年までに世界の陸域・海域の少なくとも 30%を保全・保護することを目指す目標〕	気候変動枠組 COP27 において、取組強化の計画と緩和作業の計画を採択(2022.11)
	生物多様性国家戦略 2023-2030 が閣議決定(2023.3) 〔ネイチャーポジティブ(2030 年までに生物多様性の損失を食い止め、回復傾向へ向かわせる取組)実現に向けたロードマップの位置づけ〕	新型コロナウィルス感染症が 5 類感染症に移行(2023.5)

- 4 -

● 100 ページ 「表 3-2」追加文

表 3-2 環境教育・環境学習をめぐる主な動き

2011 年	「環境保全のための意欲の増進及び環境教育の推進に関する法律」（環境保全活動・環境教育推進法）を「環境教育等による環境保全の取組の促進に関する法律」（環境教育等促進法）に改正
	★↑上記以降に追加
2012 年	「環境教育等による環境保全の取組の促進に関する法律」の施行
2015 年	「グローバル・アクション・プログラム（GAP）に基づいた ESD の推進」開始（～2019 年） （2015 年に採択された「持続可能な開発目標（SDGs）」との具体的な紐づけ）
2017 年	学習指導要領等の改訂（全ての教科を通じて持続可能な社会に向けた教育を行うべきことを強調）
2018 年	環境教育等促進法基本方針が閣議決定
2019 年	第 40 回ユネスコ総会および第 74 回国連総会にて「ESD for 2030」を採択 「ESD for 2030」の中で示されている 5 つの優先行動分野は以下のとおり （1）政策の推進：ESD を教育及び持続可能な開発に関する国際・地域・国内政策へ反映させる （2）学習環境：機関包括型アプローチの推進 （3）教員及び教育者：能力構築の機会を提供 （4）ユース：ユースに参加する機会を提供 （5）コミュニティ：地域における課題解決の促進
2021 年	「令和 2 年度環境教育等促進法基本方針の実施状況調査（アンケート調査）」結果の公表 一般国民向け質問項目の「里山管理や外来種の駆除など地域の環境保全のための取組に参加している」に対して、「取り組んでいる」との回答は 10%。教育関係者向け質問項目の「環境教育を行うに当たり活用しているものは何か」に対して、「学校内のビオトープ」との回答は 4.1%（回答群中最低）

● 正誤表 ★以下となります

◎**12ページ「図1-1」内** （誤）神による天使創造 → （正）神による天地創造

◎**14ページ「15行目」**
・（誤）コンサベーション（賢明な自然の利用）の考え方も、
↓
・（正）コンサベーション（保護・保全）やワイズユース（賢明な利用）の考え方も、

◎**16ページ「5行目」 ・ 17ページ「5行目」** （誤）子供と自然 → （正）子どもと自然

◎**18ページ「表1-1」内・50ページ「下から1行目」** （正）レイチェル・カーソン

◎**18ページ「表1-1」内・99ページ「下から11行目」** （誤）国際人間環境会議 → （正）国連人間環境会議

◎**20ページ「表1-2」内**
（誤）2001年～ 国際森林フォーラム → （正）2001年～ 国連森林フォーラム
（誤）1995～1999年 IPF → （正）1995～1997年 IPF

◎**31ページ「10行目」** （誤）生物多様性基本法が制定される以前の1997年以降 → （正）1995年以降

◎**42ページ「下から3行目～」**
（誤）上記のものよりも常に個体数（生物量） → （正）上記のものよりも一般的には個体数（生物量）

◎**43ページ「5行目～」**
（誤）鳥類は第二次消費者のトノサマバッタを食べるとともに、第三次消費者のカマキリも同時に食べている。～中略～「生態的ピラミッド」の原則はゆるがない。
↓
（正）鳥類は第一次消費者のトノサマバッタを食べるとともに、第二次消費者のカマキリも同時に食べている。～中略～「生態系ピラミッド」の原則はゆるがない。

◎**63ページ「11行目」** （誤）山内丸山遺跡 → （正）三内丸山遺跡

◎**99ページ「3行目」** （誤）2013年に定められた → （正）2012年に施行された

◎**100ページ「表3-2」内** （誤）環境基本法 → （正）環境基本計画

◎**58～59ページ「図2-6」「図2-7」について**
・「合計」のグラフは、上の3つのグラフ数値の合計ではなく、『アンケートの全体集計結果』である。

◎**7～8ページ「受験資格について」「受験料」**
制度改訂により「受講要項」に記載されているものが最新。

～以上～

追加資料 編

【環境再生医】第3版

自然環境復元協会